"十四五"职业教育河南省规划教材

InDesign
版 式 设 计

InDesign
Layout
Design

郑丽伟　主　编
田一捷　李文静　副主编

U0201532

化学工业出版社
·北京·

内 容 简 介

《InDesign版式设计》系统介绍了InDesign2020的基本操作方法和排版技巧，具体内容包括揭开InDesign的神秘面纱、会用InDesign绘图工具、掌握InDesign基础排版技能、制作设计作品集、完成书籍排版设计全流程等5个项目。本书深入贯彻党的二十大精神与理念，落实立德树人根本任务，各个项目中均设有"职业素养"，提升教材铸魂育人功能。项目1至项目3的教学案例由多个单独的小型设计任务组成，项目4、项目5的教学案例是将两个完整的设计项目分解成多个模块和任务，逐一分步骤完成。学习者可以通过"知识准备"掌握版式设计相关理论常识；借助"教学案例"熟悉InDesign2020基本功能，掌握InDesign版式设计实践技能；通过"项目测试"检测技能水平。

本书不仅适合职业院校艺术设计类专业师生教学使用，也可以作为相关行业从业人员的自学参考书。

图书在版编目（CIP）数据

InDesign 版式设计 / 郑丽伟主编；田一捷，李文静副主编. — 北京：化学工业出版社，2023.7

ISBN 978-7-122-43331-2

Ⅰ. ①I… Ⅱ. ①郑… ②田… ③李… Ⅲ. ①电子排版 – 应用软件 – 教材 Ⅳ. ① TS803.23

中国国家版本馆 CIP 数据核字（2023）第 068240 号

责任编辑：李彦玲	文字编辑：吴江玲
责任校对：李雨晴	装帧设计：水长流文化

出版发行：化学工业出版社（北京市东城区青年湖南街 13 号　邮政编码 100011）
印　　装：天津图文方嘉印刷有限公司
787mm×1092mm　1/16　印张 11　字数 254 千字　2023 年 9 月北京第 1 版第 1 次印刷

购书咨询：010-64518888　　　　　　　　　　　售后服务：010-64518899
网　　址：http://www.cip.com.cn
凡购买本书，如有缺损质量问题，本社销售中心负责调换。

定　　价：59.80 元

InDesign是由Adobe公司开发的专业排版设计软件，有强大的图形图像编辑工具和排版功能，是平面设计人员必须掌握的专业软件。

本书由具有丰富设计经验的教师团队和企业设计师共同完成，贯彻了党的二十大报告中关于"产教融合"的理念，内容由5个项目组成。项目1包含InDesign简介、InDesign图形编辑、色彩设置等知识和技能；项目2包括版式设计概述、InDesign绘图技能等知识和技能；项目3涵盖版式设计要素、InDesign基础排版等知识和技能；项目4涉及版式设计程序和视觉流程，制作作品集封面、扉页、正文等知识和技能；项目5囊括书籍版式设计常识、排版前的准备、制作样章、完成全书排版等知识和技能。

本书教学设计合理，教学目标明晰，教学内容符合教学规律。每个项目包含项目概述、项目导航、职业素养、知识准备、教学案例、举一反三、项目测试等栏目；将思政教育、职业素质教育等融入职业素养、小贴士等内容中，学生通过学习能全面掌握InDesign版式设计基础理论与实践技能。

教学案例是本书的重点，是实践技能的核心体现；每个教学案例分为若干模块，每个模块分为若干任务。所有教学案例均有对应的数字教学资源，包括视频资源和课件资源等。软件基础知识点以知识链接形式呈现，扫描二维码即可获得对应教学资源，适宜教师课堂教学与学生自主学习。关于电子课件、制作素材、源文件、效果图等配套资源的获取，您可登录我社的化工教育平台：www.cipedu.com.cn。

根据课程教学大纲、授课计划和高职学生具体情况，建议该课程的学时数为52，具体分配如下表所示：

序号	课程内容	学时数		
		讲授	训练	合计
1	项目1 揭开InDesign的神秘面纱	1	3	4
2	项目2 会用InDesign绘图工具	2	4	6
3	项目3 掌握InDesign基础排版技能	4	8	12
4	项目4 制作设计作品集	4	8	12
5	项目5 完成书籍排版设计全流程	6	12	18
	合计	17	35	52

　　本书由郑丽伟主编，田一捷、李文静任副主编。田一捷负责项目1、项目2的模块2.1和模块2.2的编写，李文静负责项目2的模块2.3、项目3的编写，牛澎涛负责项目4模块4.1、模块4.2、模块4.3的编写，郑丽伟负责项目4模块4.4和模块4.5、项目5的编写及全书的审稿，李淑娟负责全书课件的制作，济源汉唐印刷有限公司提供了部分项目案例。

　　由于编者水平有限，书中缺点在所难免，恳请广大读者不吝赐教，以便进一步修订和完善，在此表示诚挚的感谢。

编者

2023年1月

项目1
揭开InDesign
的神秘面纱

知识准备	003
模块1.1 InDesign简介	003
1.1.1 认识InDesign	003
1.1.2 熟悉InDesign操作界面	004
1.1.3 学会文件基本操作	005
1.1.4 视图与窗口的基本操作	007
教学案例	011
模块1.2 学会编辑InDesign图形	011
任务1.2.1 组合可爱柠檬	011
任务1.2.2 制作旅游海报	012
模块1.3 掌握InDesign色彩设置技能	014
任务1.3.1 绘制相机图形	014
任务1.3.2 绘制可爱小猪	015
任务1.3.3 制作时尚卡片	016
项目测试	019

项目2
会用InDesign
绘图工具

知识准备	022
模块2.1 版式设计概述	022
2.1.1 版式设计定义	022
2.1.2 版式设计功能	022
2.1.3 版式设计原则	022
教学案例	023
模块2.2 掌握InDesign基础绘图技能	023
任务2.2.1 绘制卡通风景	023
任务2.2.2 绘制太空明信片	025

模块2.3 掌握InDesign高级绘图技能　　030

　　任务2.3.1 绘制APP图标　　031

　　任务2.3.2 绘制麋鹿　　033

项目测试　　036

项目3
掌握InDesign
基础排版技能

知识准备　　039

模块3.1 版式设计要素　　039

　　3.1.1 文字　　039

　　3.1.2 图形　　040

教学案例　　040

模块3.2 学会图形排版　　040

　　任务3.2.1 制作创意婚纱照样板　　040

　　任务3.2.2 制作双11购物节广告　　043

模块3.3 学会编辑文本样式　　046

　　任务　制作奶茶宣传卡片　　047

模块3.4 学会制作表样式　　051

　　任务3.4.1 制作国潮风台历　　051

　　任务3.4.2 制作汽车Banner　　054

项目测试　　059

项目4
制作设计作品集

知识准备　　062

模块4.1 版式设计程序和视觉流程　　062

　　4.1.1 版式设计程序　　062

　　4.1.2 版式设计视觉流程　　062

教学案例　　064

模块4.2 制作作品集封面　　064

　　任务4.2.1 设置封面版式　　064

任务4.2.2 设计作品集书名 066

任务4.2.3 绘制封面素材 069

任务4.2.4 设计作品集封面 073

模块4.3 绘制作品集扉页 078

任务4.3.1 绘制"个人简介"页面 079

任务4.3.2 绘制"个人资料"页面 084

任务4.3.3 绘制"技能掌握"页面 089

模块4.4 设置作品集正文 092

任务4.4.1 制作页码和页眉 092

任务4.4.2 制作篇章页模板 094

任务4.4.3 制作正文模板 096

任务4.4.4 制作章节模块 099

任务4.4.5 制作目录页 103

模块4.5 存储文件 106

任务4.5.1 导出文件 106

任务4.5.2 打包文件 108

项目测试 112

项目5
完成书籍排版
设计全流程

知识准备 115

模块5.1 书籍版式设计常识 115

5.1.1 书籍设计概述 115

5.1.2 书籍设计结构 115

教学案例 117

模块5.2 排版前的准备 117

任务5.2.1 项目分析 117

任务5.2.2 整理图像 118

模块5.3 制作样章 122

任务5.3.1 设置样章版式 122

任务5.3.2 设置样章主页 127

任务5.3.3 设置样章正文   130

任务5.3.4 设置篇章页样式   134

任务5.3.5 设置标题及图释的段落样式   137

任务5.3.6 完成样章设置   141

模块5.4 完成全书排版   **144**

任务5.4.1 完成正文排版   145

任务5.4.2 设置目录页面   153

任务5.4.3 设计封面   156

任务5.4.4 设置其他页面   160

项目测试   **164**

附录 2023年河南省第二届职业技能大赛平面设计技术项目编辑设计模块样题   **165**

参考文献   **167**

后记   **168**

项目1
揭开InDesign的
神秘面纱

项目概述

    InDesign是Adobe公司于1999年推出的一款专业排版设计软件，专业性强、功能强大，在书籍、画册等多页排版设计中有明显优势，应用领域越来越普遍。

    本项目主要包括InDesign简介、学会编辑InDesign图形、掌握InDesign色彩设置技能等模块；通过学习，可以了解InDesign软件的操作界面、视图与窗口，掌握图形编辑、色彩绘制等基本操作技能，对InDesign有一个初步了解。

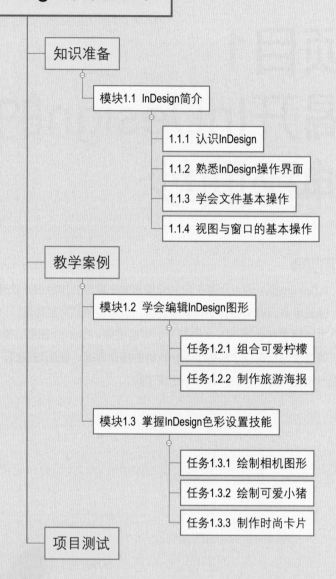

项目1 揭开InDesign的神秘面纱

知识准备

模块1.1 InDesign简介

1.1.1 认识InDesign

1.1.2 熟悉InDesign操作界面

1.1.3 学会文件基本操作

1.1.4 视图与窗口的基本操作

教学案例

模块1.2 学会编辑InDesign图形

任务1.2.1 组合可爱柠檬

任务1.2.2 制作旅游海报

模块1.3 掌握InDesign色彩设置技能

任务1.3.1 绘制相机图形

任务1.3.2 绘制可爱小猪

任务1.3.3 制作时尚卡片

项目测试

职业素养 **博观而约取，厚积而薄发**

博观而约取，厚积而薄发。（苏轼《稼说送张琥》）

博观约取：博观指大量看书，多多阅读，了解事物。约取指少量、慢慢地拿出来。指要经过长时间有准备的积累即将大有可为，施展作为。

厚积薄发：厚积指大量地、充分地积蓄。薄发指少量、慢慢地放出。形容只有准备充分，才能办好事情。

平面设计师平时要积累大量的人文历史等知识，博学多才，才能够设计出有内涵的作品。

Id 知识准备

模块1.1 InDesign简介

⊙ 教学目标

1. 了解InDesign功能、应用领域等基础知识。
2. 熟悉InDesign操作界面、视图与窗口等的功能与基本操作。
3. 树立明确的学习目标。

1.1.1 认识InDesign

▶ 微课助手 ◀
InDesign简介

InDesign拥有强大的图形图像编辑工具和排版功能，广泛应用于卡片设计、宣传单设计、海报设计、画册设计、杂志设计和书籍设计等多个领域，深受版式编排人员和平面设计师的喜爱，已经成为图文排版领域最流行的软件之一。

（1）InDesign的功能

InDesign是Adobe公司的一个桌面出版(DTP)应用程序，主要用于各种印刷品的排版编辑。该软件是直接针对其竞争对手QuarkXPress而发布的。虽然最初在争取用户方面面临了一些困难，但在2002年发布了Mac OS X版本后开始赶超其竞争对手。InDesign作为Creative Suite套件的重要组成部分，与Photoshop、Illustrator和Acrobat捆绑销售。

InDesign可以将文档直接导出为Adobe的PDF格式，而且有多语言支持。它也是第一个支持Unicode文本处理的主流DTP应用程序，率先使用新型OpenType字体、高级透明性能、图层样式、自定义裁切等功能。它基于JavaScript特性，与兄弟软件Illustrator、Photoshop等的联动功能，界面的一致性等特点都受到了用户的青睐。

InDesign作为PageMaker的升级者，定位于高端用户。Adobe已经停止了PageMaker的开发，全面转向InDesign。它最初主要适用于定期出版物、海报和其他印刷媒体。一些长文档仍使用FrameMaker（操作说明书、技术文档等）或QuarkXPress（书籍、商品目录等）。随着相关数据库的合并，InDesign和使用相同格式引擎的文字处理软件InCopy的共用，已经使它成为报刊和其他出版环境中的重要应用软件。

（2）InDesign的应用领域

① 平面广告设计。平面广告以多种形式出现于大众生活，通过卡片、宣传页、报纸、海报、互联网、手机等媒介来发布。使用InDesign设计制作多页面广告时，可以更灵活地进行版式编排，来达到吸引眼球、传递产品信息的目的。

② 画册设计。画册是企业对外宣传自身文化、产品特点的广告媒介之一，能够提高企业的知名度和产品的认知度。使用InDesign设计制作画册，版式编排更加丰富多样、内容表现更加有条不紊。

③ 杂志设计。杂志又称"期刊"，是根据一定的编辑方式，定期或不定期连续出版的印刷读物，是比较专项的宣传媒介之一。它具有目标受众准确、时效性强、宣传力度大、

效果明显等特点。使用InDesign设计杂志，版式编排灵活多变、设计风格整体性强、色彩运用丰富活泼。

④ 书籍设计。书籍设计是指从书籍文稿到成书出版的整个设计过程，也是完成从书籍形式的平面化到立体化的过程。使用InDesign设计制作的书籍，整体策划及造型设计更加丰富灵活、新颖多彩。

1.1.2 熟悉InDesign操作界面

熟悉InDesign操作界面，了解操作界面中各部分所包含的内容及其功能，是正确掌握InDesign操作技能的基础。

InDesign操作界面主要由菜单栏、控制面板、标题栏、工具箱、面板、页面区域、滚动条、状态栏等部分组成，如图1-1所示。

① 菜单栏：包括InDesign中所有的操作命令，主要包括九个主菜单，每一个主菜单又包括多个子菜单。

② 控制面板：用来选取或调用与当前页面中所选对象有关的选项和命令，帮助用户监视和修改正在进行的工作。

③ 标题栏：左侧是当前文档的名称和显示比例，右侧是控制窗口的按钮。

④ 工具箱：集合了最常用的工具，大部分工具还有其展开式工具面板，里面包含与该工具功能相类似的工具，可以更方便、快捷地进行绘图与编辑。

图1-1

⑤ 面板：可以快速调出不同工具的参数设置面板，它是InDesign中重要的组件之一。面板可以折叠，根据需要添加、分离或组合，非常灵活。

⑥ 页面区域：在操作界面中间以黑色实线表示的矩形区域，这个区域的大小就是用户设置的页面大小。页面区域包括页面外的出血线、页面内的页边线和栏辅助线。

⑦ 滚动条：当屏幕内不能完全显示出整个文档的时候，可以通过拖曳滚动条来实现对整个文档的浏览。

⑧ 状态栏：用来显示当前文档的所属页面、文档所处的状态等信息。

（1）菜单栏

合理应用菜单栏能够帮助设计师快速、有效地完成绘制和编辑任务，提高排版效率。InDesign菜单栏包含"文件""编辑""版面""文字""对象""表""视图""窗口"和"帮助"9个菜单，如图1-2所示；每个菜单又包含多个相应的子菜单；单击每一个菜单都会弹出其下拉菜单。在菜单栏单击"版面"，将弹出如图1-3所示的下拉菜单。

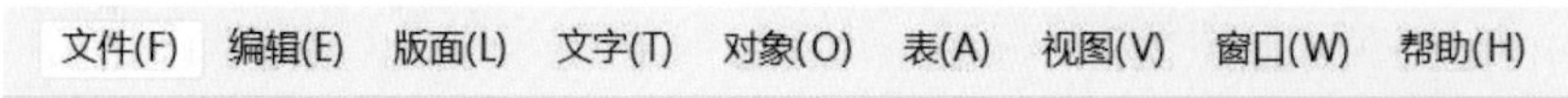

| 文件(F) | 编辑(E) | 版面(L) | 文字(T) | 对象(O) | 表(A) | 视图(V) | 窗口(W) | 帮助(H) |

图1-2

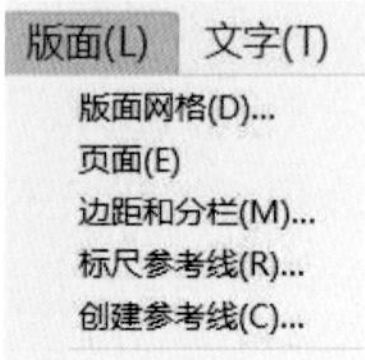

版面(L)	文字(T)
版面网格(D)...	
页面(E)	
边距和分栏(M)...	
标尺参考线(R)...	
创建参考线(C)...	

图1-3

下拉菜单中左侧是命令名称，右侧是命令的快捷键或组合键，要执行该命令，直接按下快捷键或组合键即可。建议操作时尽可能使用快捷键，InDesign与Adobe公司的其他软件的快捷键有许多是一样的，使用快捷键可以极大提高操作速度。

菜单中有些命令的右侧是一个黑色三角形 ▶，表示该命令还有相应的子命令。单击黑色三角形 ▶，即可弹出其下拉菜单。

菜单中有些命令的后面是符号 ⋯⋯，表示该命令没有相应的子命令。单击该命令，即可弹出其对话框，可以在对话框中进行具体的设置。

菜单中有些命令是灰色，表示该命令在当前状态下不可用，需要选中相应对象或进行相应设置后，该命令才会显示为黑色，处于可用状态。

（2）控制面板

当用户选择不同工具时，InDesign操作界面上方的控制面板会显示不同的选项。使用绘图工具绘制图形时，可以在控制面板设置所绘制图形的属性；使用文本工具时，可以在控制面板设置文本的字符、段落等属性。

初学者对控制面板各项功能不熟悉时，可以将光标移动到控制面板中一个图符或选项上停留片刻，系统会自动出现其功能提示文本，如图1-4所示。

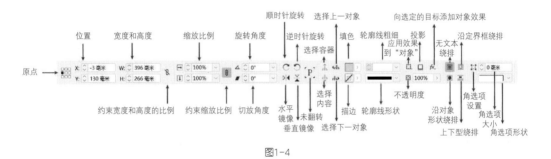

图1-4

（3）工具箱

InDesign工具箱以竖列形式显示在视图界面的左侧，这些工具可以用来编辑文字、形状、线条、渐变等页面元素。当鼠标在某个工具图标上停留片刻时，系统会自动显示该工具名称。

单击工具箱上方的双箭头图标 ▶▶，可以切换为单栏或双栏显示，也可以拖动工具箱标题栏到页面中，将其变为活动面板。

1.1.3 学会文件基本操作

学会InDesign文档的新建、打开、保存和关闭等基本操作技能，是使用InDesign制作设计作品的前提。

（1）新建文档

选择"文件>新建>文档"命令，或按下<Ctrl>+<N>组合键，会弹出"新建文档"对话框，内容设置如图1-5所示。

① 在"预设详细信息"下方横线上，输入文件名称。

② 在"宽度"和"高度"选项的数值框中，输入页面宽和高的数值。

③ 在"单位"的下拉菜单中，选择不同的选项。

④ "方向"选项：单击"纵向"按钮![纵向]或"横向"按钮![横向]，页面方向会变成纵向或横向。

⑤ "装订"选项：有两种装订方式可供选择，即向左翻或向右翻。单击"从左到右"按钮![从左到右]，将按照左边装订的方式装订；单击"从右到左"按钮![从右到左]，将按照右边装订的方式装订。一般文本横排的版面选择左边装订，文本竖排的版面选择右边装订。

⑥ "页面"选项：根据需要输入文档的总页数。

⑦ "对页"复选框：勾选此项，可以在多页文档中建立左右页以对页形式显示的版面格式，就是通常所说的对开页；不勾选此项，新建文档的页面格式以单面单页形式显示。

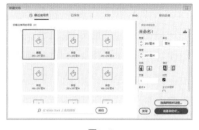

图1-5

⑧ "起点页码"选项：设置文档的起始页码。

⑨ "主文本框架"复选框：为多页文档创建常规的主页面；勾选后，InDesign会自动在所有页面上加上一个文本框。

⑩ 单击"出血和辅助信息区"，可以设置出血及辅助信息区的尺寸，如图1-6所示。

⑪ 单击"边距和分栏"按钮，弹出"新建边距和分栏"对话框，在对话框中，可以在"边距"设置区中设置页面四边空白的尺寸，即分别设置"上""下""内""外"的值，在"栏"设置区中可以设置栏数、栏间距和排版方向。设置好数值后，单击"确定"按钮，就会新建一个页面，效果如图1-7所示。

图1-6　　　　　图1-7

> ▶ **小贴士：页面尺寸** ▮▮▮
>
> 　　在InDesign中指定页面尺寸时，"高度""宽度"中输入的数值是印刷成品的页面尺寸，不是打印机或印刷机中的纸张尺寸，不包含出血尺寸。
>
> 　　出血是为了避免在裁切带有超出成品边缘的图片或有背景色的作品时，因裁切的误差而露出白边所采取的预防措施，通常是在成品页面外扩展3mm。

（2）打开文件

选择"文件>打开"命令，或同时按下<Ctrl>+<O>组合键，弹出"打开文件"对话框，如图1-8所示。

浏览左侧目录选择要打开文件的位置，并单击文件名，在文件名右侧选项的下拉列表中选择文件的类型。

在"打开方式"选项中，选择"正常"选项，将正常打开文件；选择"原稿"，将打开文件的原稿；选择"副本"，将打开文件的副本。

图1-8

设置完成后，单击"打开"按钮，窗口就会显示打开的文件，也可以直接双击文件名打开文件。

（3）保存文件

新创建文档或文件修改后不需要保留原文件的，直接用"存储"命令保存。文件修改后需要保留原文件的，使用"存储为"命令另外存储一份。

① 保存新创建文件。选择"文件>存储"命令，或同时按下<Ctrl>+<S>组合键，弹出"存储为"对话框，如图1-9所示，在左侧浏览文件夹，选择文件要保存的位置，在"文件名"选项的文本框中输入将要保存文件的文件名，在"保存类型"选项的下拉列表中选择文件保存的类型，单击"保存"按钮，将文件保存。第一次保存文件时，InDesign会提供一个默认的文件名"未命名-1"。

图1-9

② 另存已有文件。选择"文件>存储为"命令，弹出"存储为"对话框，如图1-10所示，浏览左侧目录，选择文件的保存位置并输入新的文件名，再选择保存类型，单击"保存"按钮。另存的文件不会替代原文件，而是以一个新的文件名另外进行保存，也可以称为"换名存储"。

图1-10

（4）关闭文件

选择"文件>关闭"命令，或同时按下<Ctrl>+<W>组合键，文件将会关闭。如果文档没有保存，会弹出一个提示对话框，如图1-11所示。单击"是"按钮，文档关闭之前会保存；单击"否"按钮，文档关闭时不会保存；单击"取消"按钮，文档不关闭，也不进行保存操作。

图1-11

▶ **小贴士：InDesign支持的文件格式及图片格式** ▍▍▍▍▍▍▍▍▍▍▍▍▍▍▍▍▍▍▍▍▍▍▍

InDesign具有很强的兼容性，可以打开多个应用程序创建的源文件，并保留源文件格式，如AI、PSD等格式的文件。InDesign还支持多种图片格式的导入，为图文混排创造了可能。InDesign支持的文件格式有：TIFF、JPEG、PNG等。

1.1.4 视图与窗口的基本操作

为取得更好的图像效果，在使用InDesign编辑的过程中，可以根据需要设置文件的显示模式、预览文件、缩放和平移画面等，还可以在打开多个文档的同时调整各文档窗口的排列方式等。用户在使用InDesign进行排版设计过程中，可以随时改变视图与页面窗口的显示方式，从而用合适的方式观察版式的整体或局部。

▶ 微课助手 ◀
视图与窗口的
基本操作

（1）视图显示

视图显示有4种形式：显示整页、显示实际大小、显示完整粘贴板以及放大或缩小页面视图等。

① 显示整页。选择"视图>使页面适合窗口"命令，窗口完整显示当前页面，如图1-12所示。选择"视图>使跨页适合窗口"命令，窗口完整显示当前跨页，如图1-13所示。

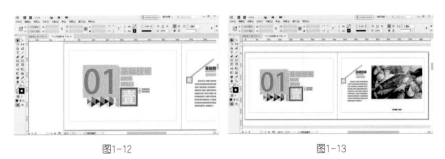

图1-12　　　　　　　　　　　　　　　图1-13

② 显示实际大小。选择"视图>实际尺寸"命令，窗口显示页面的实际大小，即页面100%显示，如图1-14所示。

③ 显示完整粘贴板。选择"视图>完整粘贴板"命令，可以查找或浏览粘贴板上的全部对象，此时屏幕中显示的是缩小的页面和整个粘贴板，如图1-15所示。

图1-14　　　　　　　　　　　　　　　图1-15

④ 放大或缩小页面视图。

a. 选择"视图>放大（或缩小）"命令，可以将当前页面视图放大或缩小。

b. 点击"缩放显示"工具🔍，单击页面会放大视图；按住<Alt>键，单击页面会缩小视图。按住鼠标左键沿着需要放大的区域拖曳出一个虚线框，虚线框范围内的内容会被放大显示，如图1-16所示。

图1-16

c. 按<Ctrl>+<+>号组合键，页面视图会按比例放大；按<Ctrl>+<->号组合键，页面视图会按比例缩小。

d. 按住<Alt>键时，拖动鼠标滑轮可以放大或缩小页面视图。这是设计师最常用的调整视图大小的方法。

e. 在窗口右下角的状态栏输入比例，根据需要按比例放大或缩小页面视图。这是准确调整视图大小的方法。

f. 在页面空白处单击鼠标右键，弹出如图1-17所示的快捷菜单，在快捷菜单中可以选择相应的命令对页面视图进行编辑。

图1-17

（2）窗口的排列和预览文档

① 窗口的排列。InDesign窗口的文件排列方式有合并、平铺两种。

a. 选择"窗口>排列>合并所有窗口"命令，可以将打开的几个文件合并在一起，如图1-18所示。如果需要选择某个文件进行操作，可单击其在标题栏中的文件名。

b. 选择"窗口>排列>平铺"命令，打开的几个文件可水平显示在窗口中，效果如图1-19所示。

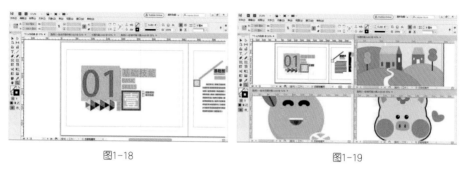

图1-18   图1-19

选择"窗口>排列>新建窗口"命令，可以将打开的文件复制一份。

② 预览文档。选择"视图>屏幕模式"命令（图1-20），打开屏幕浏览模式（图1-21），可以显示不同浏览模式；也可以通过工具箱中的预览工具，打开屏幕浏览模式，如图1-22所示。

图1-20   图1-21   图1-22

屏幕浏览模式有以下几种。

a. 正常：单击工具箱底部的正常显示模式按钮 ，文档会根据当前设置显示辅助线、参考线等。

b. 预览：单击工具箱底部的预览显示模式按钮 ，文档将以预览显示模式显示，会显示文档导出后的实际效果。

c. 出血：单击工具箱底部的出血模式按钮 🔲 出血 ，文档将以出血显示模式显示，会显示文档及其出血部分的效果。

d. 辅助信息区：单击工具箱底部的辅助信息区按钮 🔲 辅助信息区 ，可以显示文档制作为成品后的效果。

e. 演示文稿：单击工具箱底部的演示文稿按钮 🔲 演示文稿 ，InDesign文档将以演示文稿的形式显示。在演示文稿模式下，应用程序菜单、面板、参考线及框架边缘都是隐藏的。按<Esc>键，退出演示文稿命令。

（3）显示设置和隐藏框架边缘

① 显示设置。选择"视图>显示性能"命令，可以设置图像的显示方式；也可以在页面空白处点击右键，选择"显示性能"，设置图像的显示方式。

图像的显示方式主要有快速显示、典型显示和高品质显示3种，分别如图1-23、图1-24、图1-25所示。

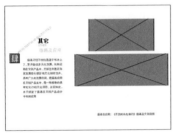  

图1-23   图1-24   图1-25

a. 快速显示：是将栅格图或矢量图显示为灰色块，视图显示速度最快。

b. 典型显示：是将图像显示为低分辨率，用于点阵图或矢量图的识别和定位。典型显示是默认选项，是显示可识别图像的最快方式。

c. 高品质显示：是将栅格图或矢量图以高分辨率显示。视图显示的图像质量最高，但速度最慢。

▶ **小贴士：显示设置的改变不会影响图像的质量** ▌▌▌▌▌▌▌▌▌▌▌▌▌▌▌▌▌▌▌▌▌▌▌▌

图像的显示设置不会影响InDesign文档本身输出或打印的图像质量。如果打印到PostScript设备上或者导出为EPS或PDF文件时，则最终的图像分辨率取决于打印或导出时的输出选项。

② 隐藏框架边缘。在InDesign默认状态下，对象没有被选中，也会显示其框架边缘，如图1-26所示；在编辑过程中，对象较多时，就会影响设计师的准确选择，使用"隐藏框架边缘"命令可以取消框架边缘的显示。

图1-26

选择"视图>其他>隐藏框架边缘"命令或按<Ctrl>+<H>快捷键，隐藏页面中图形的框架边缘，效果如图1-27所示。

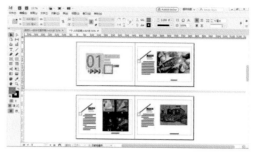

图1-27

Id 教学案例

模块1.2 学会编辑InDesign图形

教学目标

1. 了解"选择"工具组、文本工具组、填充工具组、排列命令的基本功能。
2. 掌握基础图形的编辑、描边、填充，文本工具组的输入、设置，图层的排列等基本操作技能。
3. 快速掌握InDesign软件学习方法，产生学习兴趣。

任务1.2.1 组合可爱柠檬

任务分析

通过本任务的学习，学会使用"选择"工具组、排列命令等图形编辑操作技能，完成可爱柠檬组合（图1-28）。

任务实施

（1）设置面部图形

图1-28

① 同时按下<Ctrl>+<O>组合键，打开素材文件，如图1-29所示。点击"选择"工具 ▶，将鼠标指针移动到圆形上，单击鼠标左键选取圆形。按住鼠标左键并向右拖动圆形到适当位置后松开，如图1-30所示。

② 用相同的方法选中并移动其他图形，效果如图1-31所示。

图1-29

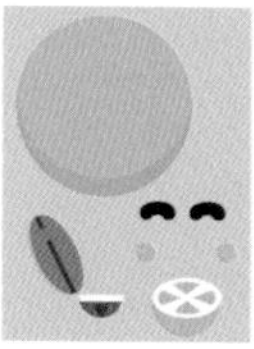

图1-30

图1-31

（2）设置耳朵图形

① 点击"选择"工具 ▶，将鼠标指针移动到椭圆形上，单击鼠标左键选取该图形，按住鼠标左键拖动椭圆形到合适位置后松开，如图1-32所示。

② 点击鼠标右键，选择"排列>置于顶层"命令，如图1-33所示，更改图层顺序，效果如图1-34所示。

③ 用相同的方法选中"移动切开的柠檬"素材，并改变其图层顺序，最终效果如图1-35所示。

图1-32　　　　　　　　图1-33　　　　　　　　图1-34　　　　　　图1-35

 小贴士：直接复制

　　在选中对象的情况下，选择"编辑>直接复制"命令或按<Ctrl>+<Shift>+<Alt>+<D>组合键，可直接复制选择的对象。

▶ 微课助手 ◀　　　　▶ 知识链接 ◀
组合可爱柠檬　　　　选择工具组

任务1.2.2 制作旅游海报

✏ 任务分析

通过本任务的学习，学会使用"文字"工具创建文本框、输入文本、编辑文本及色彩，以及"角选项"设计不同样式的矩形框等基本操作技能，完成旅游海报制作（图1-36）。

图1-36

🖋 任务实施

（1）设置文档

选择"文件>新建>文档"命令，在"新建文档"对话框中设置参数如图1-37所示，宽度：148毫米，高度：210毫米；单击右下角的"边距和分栏"按钮，在"新建边距和分栏"对话框中设置参数如图1-38所示，将边距的"上、下、内、外"分别设置为0毫米，单击"确定"按钮。

图1-37　　　　　　　　图1-38

（2）置入文本

选择"文件>置入"命令，将背景素材置入后移动到合适位置，同时按下<Ctrl>+<H>组合键，隐藏框架边缘，效果如图1-39所示。

（3）绘制斜角矩形

① 使用"矩形"工具▥绘制一个矩形，设置描边粗细为2点，颜色为：CMYK<84，61，0，0>，效果如图1-40所示。

② 选中矩形，选择"对象>角选项"命令，在"角选项"对话框设置参数如图1-41所示，转角大小：10毫米，形状：斜角；效果如图1-42所示。同时按下<Ctrl>+<L>组合键，锁定该矩形。

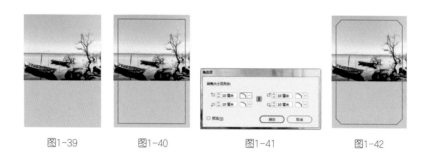

图1-39　　　　图1-40　　　　　　图1-41　　　　　　图1-42

（4）绘制反向圆角矩形

① 点击"矩形"工具▥，绘制一个矩形，设置描边粗细：1点，颜色：CMYK<80，50，0，0>。

② 选中矩形，选择"对象>角选项"命令，在"角选项"对话框中设置参数如图1-43所示，转角大小：3毫米，形状：反向圆角；效果如图1-44所示。同时按下<Ctrl>+<L>组合键，锁定该矩形。

（5）设置文本

点击"文字"工具 **T**，创建一个文本框并输入需要的文字。选中输入的文字，在控制面板中设置字体大小及字体样式，并双击"填色"工具 **T**，在"拾色器"对话框中设置文字颜色；效果如图1-45所示。

图1-43　　　　　图1-44　　　　图1-45

1. 了解填色、描边、"渐变色板"工具、颜色面板、效果面板等工具和命令的基本功能。
2. 掌握图形水平填充、渐变填充、图形变换、添加对象效果等基本操作技能。
3. 具备举一反三、勇于创新的精神。

任务**1.3.1** 绘制相机图形

✎ 任务分析

通过本任务的学习，掌握填色、描边、"渐变色板"、"颜色"设置等工具和命令的操作技能，完成相机图形绘制（图1-46）。

图1-46

✎ 任务实施

（1）设置背景图形色彩

① 同时按下<Ctrl>+<O>组合键，打开素材文件，如图1-47所示。

② 点击"选择"工具 ▶，选取圆角矩形，选择"窗口>颜色>颜色"命令。在弹出的"颜色"面板中设置颜色：CMYK<70，60，0，0>，描边：无 ☑，效果如图1-48所示。

图1-47　　　　图1-48

（2）设置小圆的渐变色

① 点击"选择"工具 ▶，选取左上角的圆形，双击描边工具 回，弹出"拾色器"对话框，设置描边：白色。

② 选择"窗口>描边"命令，在"描边"面板中设置参数如图1-49所示，粗细：2点，对齐描边：描边居外，其他不变，效果如图1-50所示。

③ 工具箱中单击"填色"工具 ☐ 后，双击"渐变色板"工具 ■，在"渐变"面板中设置参数如图1-51所示，类型：径向；在色条上选中左侧的渐变色标，按<F6>键弹出"颜色"面板，设置颜色：CMYK<70，60，0，0>；选中右侧的渐变色标，设置颜色：CMYK<100，90，0，25>；渐变填充效果如图1-52所示。

图1-49　　　　图1-50

图1-51　　　　图1-52

（3）设置相机镜头的渐变色

① 点击"选择"工具 ▶，选取需要的图形，如图1-53所示。双击"渐变色板"工具 ■，

填充渐变色，在"渐变"面板设置参数如图1-54所示，类型：线性；在色条上选中左侧的渐变色标，按<F6>键设置颜色：CMKY<62，8，100，0>；选中右侧的渐变色标，设置颜色：CMYK<62，8，100，60>，描边：无☑；效果如图1-55所示。

② 同理，设置其他图形的渐变色，效果如图1-56所示。

③ 点击"选择"工具▶，选取大的圆形，如图1-57所示。双击"填色"工具▢，在"拾色器"对话框设置颜色为黑色，描边颜色为白色。在"描边"面板中设置描边粗细：4点，单击"描边居外"按钮，单击<Enter>键确定，效果如图1-58所示。

图1-53 图1-54 图1-55 图1-56 图1-57 图1-58

▶ 小贴士：色彩搭配技巧

黑、白、灰、银色是无彩色系，适合与任何一种颜色进行搭配。

▶ 微课助手 ◀
绘制相机图形

▶ 知识链接 ◀
填充工具组

任务1.3.2 绘制可爱小猪

🖊 任务分析

通过本任务的学习，掌握"选择"工具、复制、变换等工具和命令的操作技能，完成可爱小猪的绘制（图1-59）。

🖊 任务实施

（1）设置小猪面部图形

① 同时按下<Ctrl>+<O>组合键，打开素材文件，如图1-60所示。

图1-59

② 点击"选择"工具▶，选取"头部"图形，按住鼠标左键拖动图形到合适位置后松开，如图1-61所示。

③ 点击"选择"工具▶，选取"脸部"图形，移动到合适位置，如图1-62所示。同时按下<Alt>+<Shift>组合键，水平向右再复制"脸部"图形到另一侧合适位置，效果如图1-63所示。

④ 用相同的方法选取、移动以及复制其他图形，效果如图1-64所示。

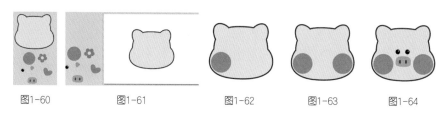

图1-60 图1-61 图1-62 图1-63 图1-64

（2）设置其他图形

① 设置耳朵图形。用"选择"工具 ▶ 选取"耳朵"图形，拖动到适当位置，如图1-65所示。同时按下<Alt>+<Shift>组合键，水平向右再复制"耳朵"图形到另一侧合适位置，如图1-66所示。选择"对象>变换>水平翻转"命令，翻转对象，如图1-67所示。把图形移动到合适位置，效果如图1-68所示。

图1-65　　　　图1-66

② 设置"蓝色花朵"图形。用"选择"工具 ▶ 选取"蓝色花朵"图形，并拖动到适当位置，如图1-69所示。

图1-67　　　　图1-68

选择"对象>变换>缩放"命令，在"缩放"对话框中设置缩放：50%，单击"确定"按钮，如图1-70所示；效果如图1-71所示。

③ 设置"心形"图形。用"选择"工具 ▶ 选取"心形"图形，并拖动到合适位置，如图1-72所示。选择"对象>变换>旋转"命令，在"旋转"对话框中设置旋转角度：330°，单击"确定"按钮，如图1-73所示；效果如图1-74所示。

图1-69　　　　图1-70　　　　图1-71　　　　图1-72　　　　图1-73　　　　图1-74

▶ 小贴士：镜像 ━━━━━━━━━━━━━━━━━━━━━━━━━━━━━

在镜像对象的过程中，只能使对象本身产生镜像。要在镜像位置生成一个对象复制品，必须先在原位复制一个对象。

✂ 举一反三

绘制一个自己喜爱的卡通形象。

▶ 微课助手 ◀　　　▶ 知识链接 ◀

绘制可爱小猪　　　变换工具组

任务1.3.3 制作时尚卡片

✐ 任务分析

通过本任务的学习，掌握置入、"矩形"工具、"效果"面板、"投影"、贴入内部、透明度等工具和命令的操作技能，完成时尚卡片的制作（图1-75）。

图1-75

（1）设置文档

① 选择"文件>新建>文档"命令，在"新建文档"对话框中设置参数如图1-76所示，命名：时尚卡片，高度：297毫米，宽度：210毫米，方向：横向；单击"边距和分栏"按钮，在"新建边距和分栏"对话框中设置边距的"上、下、内、外"数值为0，如图1-77所示。

图1-76　　　　　　　　　　图1-77

② 单击"确定"按钮，新建一个页面，选择"视图>其他>隐藏框架边缘"命令，将所绘制图形的框架边缘隐藏。

（2）设置背景图形

① 选择"文件>置入"命令，弹出"置入"对话框，选择素材文件，单击"打开"按钮，在页面空白处单击鼠标左键"置入"图片，如图1-78所示。

② 点击"自由变换"工具▣，将图片拖动到合适位置，按住<Shift>键，等比例调整其大小，效果如图1-79所示。

图1-78　　　　　　　　　　图1-79

（3）绘制"蓝色条纹"

① 点击"矩形"工具▣，在合适位置绘制一个矩形，如图1-80所示。单击"填色"工具▣，在"拾色器"对话框中设置图形填充色：CMYK<52，0，0，0>，描边色：无，效果如图1-81所示。

② 用"选择"工具▸选中矩形，按住<Alt>+<Shift>组合键的同时，水平向右拖动矩形到合适位置，再复制一个矩形，如图1-82所示。同时多次按下<Ctrl>+<Alt+4>组合键，根据需要复制出多个矩形，效果如图1-83所示。

图1-80　　　　　图1-81　　　　　图1-82　　　　　图1-83

③ 用"选择"工具同时框选所有矩形，按<Ctrl>+<G>组合键"编组"。选择"窗口>效果"命令，在"效果"面板中设置参数如图1-84所示，不透明度：40%，按<Enter>键确定，效果如图1-85所示。

④ 单击控制面板的"向选定的目标添加对象效果"按钮 fx，如

图1-84

图1-86所示，在"效果"面板中点击"投影"，设置模式：正片叠底，不透明度：50%，距离：3.492毫米，角度：135°，单击"确定"按钮，效果如图1-87所示。

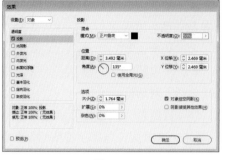

| 图1-85 | 图1-86 | 图1-87 |

⑤ 在"控制"面板中设置"旋转角度"：18°，按<Enter>键确定，效果如图1-88所示。同时按下<Ctrl>+<X>组合键，将蓝色条纹图形剪切到剪贴板上。点击"矩形框架"工具⊠，在合适位置绘制一个矩形框架，效果如图1-89所示。点击"选择"工具▶，选择"编辑>贴入内部"命令，将图形贴入矩形框架内部，效果如图1-90所示。

| 图1-88 | 图1-89 | 图1-90 |

（4）设置文本

① 点击"文字"工具T，在合适位置拖出一个文本框，输入需要的文字，如图1-91所示；在"字符"控制面板中选择合适的字体并设置文字大小，如图1-92所示。

② 单击"填色"工具T，在"拾色器"对话框中设置CMYK数值分别为0。时尚卡片制作效果如图1-93所示。

| 图1-91 | 图1-92 | 图1-93 |

举一反三

为自己设计一张名片。

▶ 微课助手   ▶ 知识链接
制作时尚卡片   效果面板

项目测试

一、填空题

1. InDesign是由_____公司开发的专业排版设计软件。

2. InDesign的应用领域有_____设计、_____设计、_____设计、_____设计、_____设计和_____设计等。

3. InDesign的操作界面包括_____、_____、_____、_____、_____、_____、_____、_____等。

4. 在InDesign中，菜单栏>_____>_____可以设置图像的显示方式。

二、单项选择题

1. "新建文档"命令的快捷键是什么？（　　）

   A. Ctrl+N   B. Ctrl+O

   C. Ctrl+S   D. Ctrl+P

2. 下列哪一个工具不属于自由变换工具组？（　　）

   A. 旋转工具   B. 缩放工具

   C. 切变工具   D. 镜像工具

三、多项选择题

1. InDesign中，视图的显示有几种方式？（　　）

   A. 显示整页   B. 显示实际大小

   C. 显示完整粘贴板   D. 放大或缩小页面视图

2. 图像的显示方式主要有（　　）。

   A. 快速显示   B. 典型显示

   C. 高品质显示   D. 常规显示

项目2
会用InDesign绘图工具

项目概述

　　绘图是设计类软件的基本技能，掌握InDesign常用绘图工具的基本技能，是完成设计任务的基础。

　　本项目主要包括版式设计概述、掌握InDesign基础绘图技能、掌握InDesign高级绘图技能等模块；通过学习，了解版式设计基础知识，掌握"椭圆"工具、"矩形"工具、"钢笔"工具、"直接选择"工具等InDesign绘图技能以及路径查找器的图形组合技能。

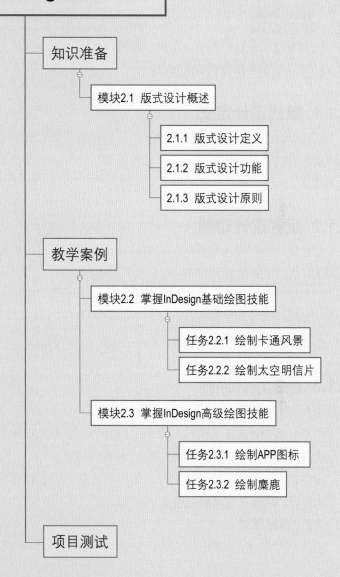

项目2 会用InDesign绘图工具

知识准备

模块2.1 版式设计概述

2.1.1 版式设计定义

2.1.2 版式设计功能

2.1.3 版式设计原则

教学案例

模块2.2 掌握InDesign基础绘图技能

任务2.2.1 绘制卡通风景

任务2.2.2 绘制太空明信片

模块2.3 掌握InDesign高级绘图技能

任务2.3.1 绘制APP图标

任务2.3.2 绘制糜鹿

项目测试

职业素养 **有无相生**

　　故有无相生，难易相成，长短相形，高下相倾，音声相和，前后相随。（老子《道德经》）

　　老子认为一切对立相反的事物皆相待而成。因为有了困难，比较之下，才有容易；同理，长短、高下、音声、前后皆可两相比较、相待而成。"有""无"是相对概念中最普遍的，两者之间具有相互依存的关系。

　　版式设计中图与底、文字与图形等的关系正是有无相生、相辅相成。

Id 知识准备

模块2.1 版式设计概述

⊙ 教学目标

1. 理解版式设计的定义、功能、原则等基础知识。
2. 具备不断更新知识的求知欲。

2.1.1 版式设计定义

版式设计是指在有限的版面空间里，将视觉传达设计要素（文字、图形、色彩等）根据特定内容的需要进行有目的、有组织的编排，并运用造型要素及形式法则原理，以新颖的创意及个性化的视觉形式把构思和计划表达出来，从而产生全新的视觉效果。

2.1.2 版式设计功能

版式设计是把构思与计划以视觉形式表现出来，是一种具有个人风格和艺术特色的视觉传达方式。优秀的版式设计应具备以下功能：

① 保证阅读的流畅，产生美感。
② 准确、迅速地传递信息。
③ 确保版面的协调性，使杂乱的版面统一、有规律。

2.1.3 版式设计原则

（1）对齐原则

指每一个设计元素都应该与页面上的其他元素有着视觉上的联系，元素之间的排列才能不显得杂乱无章，作品才能建立整齐、清晰的结构。

常用的对齐有左对齐、右对齐、居中对齐。在物理位置相距太远的版式中，要运用辅助元素将不同的设计元素联系起来。

（2）亲密原则

指用分组将关系密切的设计元素放在一起，形成一个视觉单元，建立一种清晰的外观。

亲密性有助于组织信息，减少混乱，为读者提供清晰的结构。标题要对应相关文本，图片要对应内容，大小层次、尊卑有序、亲密性等保证了内容传达的有效性。

（3）重复原则

在视觉传达设计中，经常通过颜色、字体、图形、形状、材质、空间关系等某些元素的重复，将作品的各部分连在一起，从而增强整个作品的整体性。

重复的目的就是统一，并增强视觉效果。在设计中，如果需要添加新的文字、图形，尽可能用画面中已有的颜色和字体。

（4）对比原则

视觉传达设计中要避免设计元素太过相似，如果两个设计元素不完全相同，就应当使之形成视觉效果分明的对比。

设计对比包含：大小对比、颜色对比、元素对比、空间对比、质感对比等。

有重复就一定有对比，重复是基调，对比就是焦点。重复一定要精确，对比一定要大胆。不强烈的对比宁可不要。

Id 教学案例

模块2.2 掌握InDesign基础绘图技能

◎ 教学目标

1. 了解"矩形"工具组、"椭圆"工具组、"变换"工具组、"直接选择"工具、编组、多重复制、路径查找器、原位粘贴等工具和命令的基本功能。
2. 掌握InDesign基本图形的绘制方法和技能。
3. 具备脚踏实地的职业精神。

任务2.2.1 绘制卡通风景

✎ 任务分析

通过本任务的学习，掌握"矩形"工具组、"椭圆"工具组、"变换"工具组、"直接选择"工具、编组等工具和命令的操作技能，完成卡通风景绘制（图2-1）。

图2-1

✎ 任务实施

（1）绘制"小树"

① 同时按下<Ctrl>+<O>组合键，打开素材文件，如图2-2所示。

② 点击"椭圆"工具 ◯，按住<Shift>键，绘制两个相交的圆形做"树冠"图形，设置填充色：CMYK<38, 7, 36, 0>，如图2-3所示。

图2-2

图2-3

③ 用"矩形" 🔲.工具绘制矩形"树干"，设置填充色：CMYK<90，50，100，30>，如图2-4所示。

④ 选中"树冠""树干"图形，按<Ctrl>+<G>进行编组，单击鼠标右键，选择"排列>后移一层"，将树木放置在第一层山丘后，效果如图2-5所示。

⑤ 按住<Alt>键，移动并复制两个"小树"图形到另外两个位置，如图2-6所示。选中右侧"小树"图形，改变其大小，点击"自由变换"工具 🔁，拖动对象右上角控制手柄 🔗，缩小或放大后，松开鼠标左键，效果如图2-7所示。单击鼠标右键，选择"取消编组"，更改树的颜色：CMYK<60，13，68，0>，效果如图2-8所示。

图2-4　　　　　图2-5　　　　　图2-6　　　　　图2-7　　　　　图2-8

（2）绘制"黄色"小屋

① 点击"矩形"工具 🔲.，在合适位置绘制矩形，填充颜色：CMYK<23，4，7，0>，如图2-9所示。

② 用"直接选择"工具 ▷ 同时选中矩形上方的两个角点，并向右拖动，将其变为平行四边形，作为"屋顶"，效果如图2-10所示。

图2-9

③ 用"矩形"工具 🔲.分别绘制房屋的正面和侧面，并填充不同的颜色，分别为：CMYK<14，17，74，0>、CMYK<67，43，22，0>，效果如图2-11所示。

④ 点击"钢笔"工具 🖋，绘制三角形，设置填充颜色：CMYK<52，24，6，0>，如图2-12所示。

⑤ 用"矩形"工具分别绘制出门、窗、烟囱，分别设置填充色：CMYK<48，55，78，2>、CMYK<0，0，0，0>，效果如图2-13所示。

⑥ 选取房屋所有图形，同时按下<Ctrl>+<G>"编组"。单击鼠标右键，选择"排列>后移一层"改变排列顺序，重复上一步，效果如图2-14所示。

图2-10 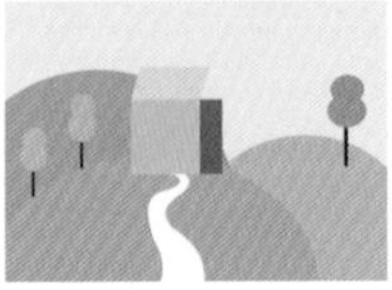　　　　　图2-11　　　　　图2-12　　　　　图2-13　　　　　图2-14

（3）绘制"粉红"小屋

① 点击"矩形"工具 🔲.，在合适位置绘制一个矩形，用"直接选择"工具 ▷ 选择矩形左上方节点右移，再选中右上方节点左移，使其变为梯形，设置填充色：CMYK<13，18，23，0>，如图2-15所示。

② 使用"矩形"工具 🔲.绘制房屋正面墙，设置填充色：CMYK<17，54，52，0>；再绘制"门、窗"矩形，设置填充色：CMYK<0，0，0，0>；效果如图2-16所示。

③ 同时选中红色小屋的所有图形，并按下<Ctrl>+<G>编组；单击鼠标右键，如图2-17所示，选择"排列>后移一层"命令，改变排列顺序；最终效果如图2-18所示。

  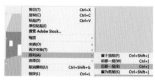 

图2-15 　　　　　图2-16 　　　　　　　图2-17 　　　　　　　图2-18

▶ **小贴士：与InDesign有关的色彩空间**

　　与InDesign有关的色彩空间通常有四种模式，分别为RGB模式、CMYK模式、灰度模式和位图模式，CMYK模式是印刷品常用的色彩模式。

举一反三

　　使用基本图形工具绘制自己喜爱的卡通风景。

▶ 微课助手 ◀　　　▶ 知识链接 ◀
绘制卡通风景　　　绘制基本图形

任务2.2.2 | 绘制太空明信片

任务分析

　　通过本任务的学习，掌握多重复制、路径查找器、原位粘贴等工具和命令的操作技能，完成太空明信片绘制（图2-19）。

任务实施

（1）设置文件格式

　　选择"文件>新建>文档"命令，在"新建文档"对话框中命名文件并设置尺寸和方向。单击"边距和分栏"按钮，在"新建边距和分栏"对话框中设置页边距数值为0；单击"确定"按钮，新建一个页面；选择"视图>其他>隐藏框架边缘"命令，隐藏所绘制图形的框架边缘。

图2-19

（2）绘制背景图形

　　① 点击"矩形"工具 ▢，在合适位置绘制一个矩形作为背景，如图2-20所示。点击"椭圆"工具 ◯，按住<Shift>键的同时，在矩形上方绘制一个小正圆作为邮票锯齿基本形，如图2-21所示。

　　② 点击"选择"工具选取小正圆，按住<Alt>+<Shift>组合键的同时，拖动正圆形水平向右到合适位置再复制一个，如图2-22所示；连续多次按下<Ctrl>+<Alt>+<4>组合键，根据需要再复制出多个正圆形；效果如图2-23所示。

③ 用"选择"工具 ▶ 框选所有正圆形，如图2-24所示，按住<Alt>+<Shift>组合键的同时，拖动图形垂直向下再复制一份到矩形下方线上，如图2-25所示。

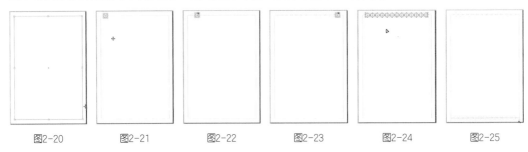

| 图2-20 | 图2-21 | 图2-22 | 图2-23 | 图2-24 | 图2-25 |

④ 同理，绘制其他两个方向的正圆形，效果如图2-26和图2-27所示。

⑤ 用"选择"工具 ▶ 框选所有正圆形和矩形，如图2-28所示。选择"窗口>对象和版面>路径查找器"命令，如图2-29所示，在"路径查找器"面板上单击"减去"按钮 ，生成邮票锯齿图形，如图2-30所示。设置图形填充色：CMYK<22，6，2，0>，描边：无，效果如图2-31所示。

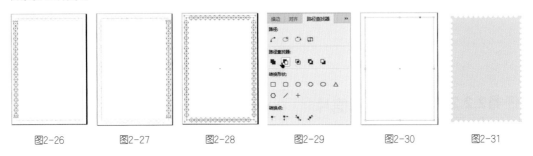

| 图2-26 | 图2-27 | 图2-28 | 图2-29 | 图2-30 | 图2-31 |

⑥ 点击"矩形"工具 ，绘制一个与页面大小相同的矩形，如图2-32所示。双击"填色"工具 ，弹出"拾色器"对话框，设置填充色：CMYK<86，54，5，0>，描边：无，效果如图2-33所示。如图2-34所示，单击鼠标右键，更改排列顺序为"置为底层"，效果如图2-35所示。

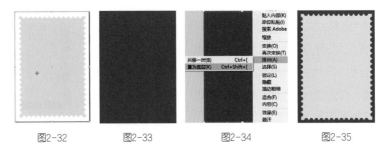

| 图2-32 | 图2-33 | 图2-34 | 图2-35 |

（3）绘制航天器图形

① 用"矩形"工具 绘制一个矩形，如图2-36所示，对所绘矩形进行调整，效果如图2-37所示。用"椭圆"工具 在合适位置绘制一个椭圆形，如图2-38所示。同时选中矩形和椭圆，单击鼠标右键，选择"复制"，如图2-39所示。再次单击鼠标右键，选择"原位粘贴"，效果如图2-40所示。

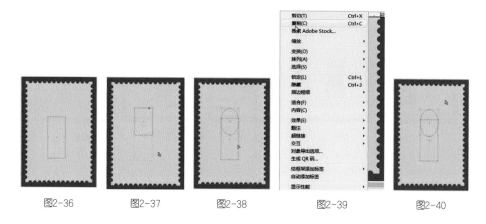

图2-36　　　　图2-37　　　　图2-38　　　　图2-39　　　　图2-40

②用"选择"工具选中一个椭圆和一个矩形,如图2-41所示。选择"窗口>对象和版面>路径查找器"命令,如图2-42所示,在"路径查找器"对话框中单击"减去后方对象"按钮■,得到一个航天器头部图形,效果如图2-43所示。设置图形填充色:CMYK<47,14,0,0>,描边:无,效果如图2-44所示。

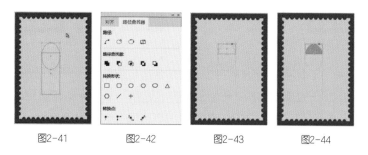

图2-41　　　　图2-42　　　　图2-43　　　　图2-44

③调整另一个矩形的高度,如图2-45所示,选中该矩形和另一个椭圆形,如图2-46所示。选择"窗口>对象和版面>路径查找器"命令,如图2-47所示,在"路径查找器"对话框中单击"减去后方对象"按钮■,得到航天器连接部位图形,设置填充色:CMYK<33,8,0,0>,描边:无,效果如图2-48所示。

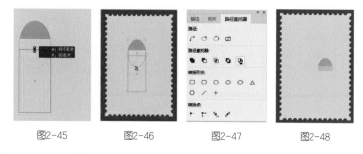

图2-45　　　　图2-46　　　　图2-47　　　　图2-48

④用"矩形"工具■.在合适位置绘制一个矩形作为航天器主体,设置填充色:CMYK<78,58,0,0>,效果如图2-49所示。

⑤用"矩形"工具■.在航天器左侧再绘制一个矩形,如图2-50所示。在控制面板中点击"删除锚点"工具,如图2-51所示,将光标移动到左上角的锚点上,单击鼠标左键,删除此锚点,得到"航天器左翼"图形,如图2-52所示,设置填充色:CMYK<60,6,27,0>,描边:无,效果如图2-53所示。

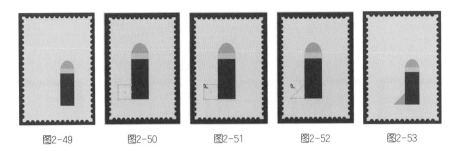

图2-49　　　　　图2-50　　　　　图2-51　　　　　图2-52　　　　　图2-53

⑥ 点击"选择"工具 ▶，按住<Alt>+<Shift>组合键的同时，拖动"航天器左翼"图形水平向右到右翼位置复制该图形，如图2-54所示。如图2-55所示，选择菜单栏"对象>变换>水平翻转"命令，得到"航天器右翼"图形，效果如图2-56所示。

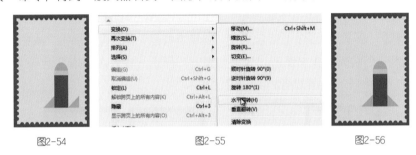

图2-54　　　　　　　　　　图2-55　　　　　　　　　　图2-56

⑦ 点击"椭圆"工具 ◯，按住<Shift>键在合适位置绘制一个正圆形，设置填充色：CMYK<0，17，0，0>，效果如图2-57所示。点击"选择"工具 ▶，按住<Alt>+<Shift>组合键的同时，拖动粉色正圆形垂直向下，再复制一个正圆形到适当位置，将其等比例缩小，得到粉色小正圆形，效果如图2-58所示。

⑧ 用"钢笔"工具 ✐ 在画面中单击鼠标左键确定起点和端点后，拖动控制手柄，绘制路径，得到一个半椭圆形，如图2-59所示，设置填充色：CMYK<8，18，72，0>，得到"黄色半圆"图形，效果如图2-60所示。

图2-57　　　　　图2-58　　　　　图2-59　　　　　图2-60

⑨ 用"选择"工具 ▶ 选取"黄色半圆"图形，在按住<Alt>+<Shift>组合键的同时，向右拖动并复制图形，如图2-61所示。选择"对象>变换>水平翻转"命令后，将其移动到适当位置，如图2-62所示。

⑩ 按住<Shift>键的同时，依次单击

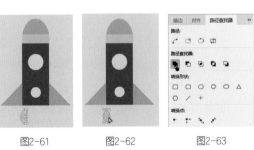

图2-61　　　　　图2-62　　　　　图2-63

共同选中这两个对象，如图2-63所示，在控制面板中单击"路径查找器>相加"按钮■，将其合并为一个对象，得到"黄色发射器"图形，效果如图2-64所示。

图2-64

⑪ 用"选择"工具▶选取"黄色发射器"图形，按住<Alt>+<Shift>组合键的同时，水平向右依次再复制两个图形，并调整其大小，效果如图2-65所示。

（4）绘制航天图标

① 点击"椭圆"工具◯，按住<Shift>键的同时，在合适位置绘制一个正圆形，如图2-66所示。如图2-67所示，单击鼠标右键，选择"复制"，再连续两次单击鼠标右键，选择"原位粘贴"，效果如图2-68所示。

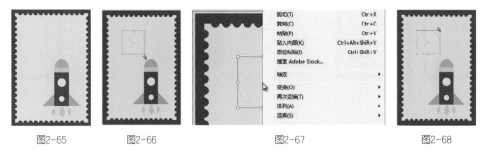

图2-65　　　　图2-66　　　　　　　图2-67　　　　　　　图2-68

② 点击"椭圆"工具◯，按住<Shift>键的同时，绘制一个相交的圆形，如图2-69所示。用"选择"工具▶选取两个相交圆形，如图2-70所示。如图2-71所示，在控制面板中单击"路径查找器>交叉"按钮，得到的图形如图2-72所示。设置填充色：CMYK<33，8，0，0>，描边：无，效果如图2-73所示。

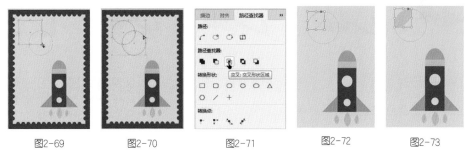

图2-69　　　　图2-70　　　　　　图2-71　　　　图2-72　　　　图2-73

③ 点击"椭圆"工具◯，按住<Shift>键的同时，再绘制一个相交的圆形，如图2-74所示。如图2-75所示，用"选择"工具▶选取相交的两个图形，如图2-76所示，单击控制面板中的"路径查找器>交叉"按钮■，效果如图2-77所示。

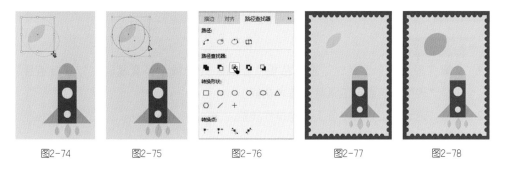

图2-74　　　　图2-75　　　　　　图2-76　　　　图2-77　　　　图2-78

④ 设置交叉图形填充色: CMYK<47, 14, 0, 0>, 描边: 无, 效果如图2-78所示。单击鼠标右键, 选择"排列>置为底层"命令, 更改排列顺序; 效果如图2-79所示。

⑤ 如图2-80所示, 选中最后一个圆形, 设置填充色: CMYK<78, 58, 0, 0>, 描边: 无, 效果如图2-81所示。

⑥ 如图2-82所示, 用"钢笔"工具✒绘制星球运行轨道。如图2-83所示, 在"描边"面板更改描边粗细: 7点, 如图2-84所示, 设置描边色: CMYK<84, 100, 53, 15>, 效果如图2-85所示。

图2-79　　　　　　图2-80

图2-81　　　图2-82　　　图2-83　　　　　图2-84　　　　　图2-85

⑦ 如图2-86 ~ 图2-89所示, 用"椭圆"工具⬭绘制其余的圆形并设置填充色, CMYK的数值分别为<0, 0, 0, 0>、<11, 89, 43, 0>、<9, 78, 31, 0>、<8, 68, 23, 0>; 最终效果如图2-90所示。

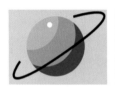    

图2-86　　　　图2-87　　　　图2-88　　　　图2-89　　　　图2-90

✎ 举一反三

绘制一张自己喜爱的邮票。

▶ 微课助手 ◀　　　▶ 知识链接 ◀
绘制太空明信片　　　复合形状

模块2.3　掌握InDesign高级绘图技能

◎ 教学目标

1. 了解"多边形"工具、"渐变色板"工具、角选项、多重复制、"直接选择"工具、"转换方向点"工具等的基本功能。
2. 掌握"钢笔"工具组中各工具的操作技能。
3. 具备深入细致的表现能力。

任务分析

通过本任务的学习，掌握"多边形"工具、"渐变色板"工具、角选项、多重复制等工具和命令的操作技能，完成APP图标绘制（图2-91）。

任务实施

（1）设置文档

选择"文件>新建>文档"命令，弹出"新建文档"对话框，设置宽度为297毫米，高度为210毫米。单击"边距和分栏"按钮，弹出"新建边距和分栏"对话框，单击"确定"按钮，新建一个页面。选择"视图>其他>隐藏框架边缘"命令，将所绘制图形的框架边缘隐藏。

图2-91

（2）绘制背景图形

① 点击"矩形"工具 ▤ ，按住<Shift>键的同时，在适当的位置拖曳鼠标绘制一个正方形，如图2-92所示。

设置图形填充色为渐变填充，双击"渐变色板"工具 ▤ ，如图2-93所示，在"渐变"面板上设置"类型"：线性。

在色条上选中左侧的渐变色标，如图2-94所示，设置颜色：CMYK<0，64，17，0>。选中右侧的渐变色标，如图2-95所示，设置颜色：CMYK<0，100，40，0>。设置填充渐变色，描边：无。

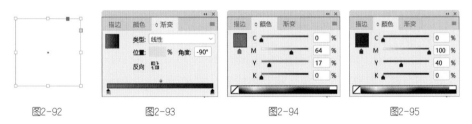

图2-92　　　　图2-93　　　　图2-94　　　　图2-95

② 选择"对象>角选项"命令，如图2-96所示，在"角选项"对话框中勾选"预览"，设置形状：圆角，转角大小：20毫米。

③ 选择"窗口>效果"命令，在"效果"面板中设置参数如图2-97所示，效果：正常，不透明度：100%，按<Enter>键确定；效果如图2-98所示。

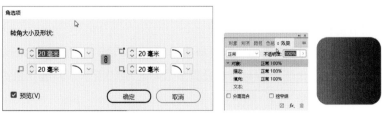

图2-96　　　　　　　图2-97　　　　图2-98

④ 点击"多边形"工具 ⬡，在页面中双击鼠标左键，在"多边形设置"对话框中设置参数如图2-99所示，边数：6，星形内陷：7%，单击"确定"按钮，按<Shift>键拖曳得到一个多边形并放到适当的位置；效果如图2-100所示。

如图2-101所示，在"颜色"面板中，设置填充色：CMYK<28，90，37，0>，描边：无。选择"窗口>效果"命令，设置不透明度为65%，效果如图2-102所示。

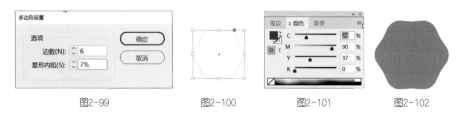

图2-99　　　　　　图2-100　　　　　图2-101　　　　　图2-102

（3）绘制音符

① 用"矩形"工具 ▭，按住鼠标左键拖曳出一个长方形。选择"对象>角选项"命令，在"角选项"对话框中勾选"预览"，设置形状：圆角，转角大小：4毫米。在"颜色"面板中设置填充色：CMYK<0，0，0，0>，描边：无；效果如图2-103所示。

② 用"选择"工具按钮 ▶ 选中矩形，将鼠标放在矩形右上角，使鼠标变成 按钮，按住鼠标向上拖曳，效果如图2-104所示。

③ 用"矩形"工具 ▭ 绘制一个长方形，在"颜色"面板中设置填充色：CMYK<0，0，0，0>，描边：无；效果如图2-105所示。

④ 用"椭圆"工具 ⬭，按住鼠标左键拖曳出椭圆形，在"颜色"面板中设置填充色：CMYK<0，0，0，0>，描边：无；效果如图2-106所示。

⑤ 用"添加锚点"工具 ✎ 在椭圆上添加锚点，然后点击"直接选择"工具 ▷，调整单个锚点；效果如图2-107所示。

⑥ 按<Shift>键，同时选中音乐符号下半部分；按<Ctrl>+<G>组合键，将这两个对象编组；按<Alt>键，平移编组对象；移动完成后，按<Ctrl>+<Shift>+<G>取消编组，调整音乐符号长短；效果如图2-108所示。

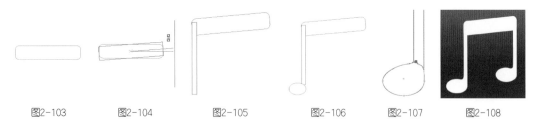

图2-103　　　　图2-104　　　　图2-105　　　　图2-106　　　　图2-107　　　　图2-108

（4）绘制节奏符号

① 用"矩形"工具 ▭ 在适当的位置绘制一个"矩形竖线"，如图2-109所示。选择"对象>角选项"命令，在"角选项"对话框设置参数如图2-110所示，勾选"预览"，转角形状：圆角，转角大小：10毫米。

② 用"选择"工具选中"矩形竖线"，如图2-111所示，设置填充色：CMYK<28，90，

37, 0>, 描边: 无。按住<Alt> +<Shift>组合键的同时, 水平向左拖曳"矩形圆角竖线"到适当位置, 复制"矩形圆角竖线"。连续按<Ctrl>+<Alt>+<4>组合键, 再复制出两条"矩形圆角竖线", 调整高度, 效果如图2-112所示。

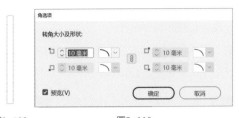

图2-109　　　　　图2-110　　　　　　　　图2-111　　　　图2-112

③ 同时选中4条"矩形圆角竖线", 按住<Alt>+ <Shift>组合键的同时, 水平向右拖曳竖线到合适位置, 复制矩形竖线, 效果如图2-113所示。单击"控制"面板中的"水平翻转" ◖◗ 按钮, 水平翻转图形, 效果如图2-114所示。调整制作线条长短, 效果如图2-115所示。APP图标绘制完成, 效果如图2-116所示。

图2-113　　　　　　　图2-114　　　　　　　　图2-115　　　　　　　图2-116

举一反三

　　绘制一个自己喜爱的图标。

▶ 微课助手 ◀
绘制APP图标

▶ 知识链接 ◀
路径工具

任务2.3.2　绘制麋鹿

任务分析

通过本任务的学习, 掌握"直接选择"工具、"钢笔"工具组中的"添加锚点"工具和"转换方向点"工具、"渐变色板"工具等的操作技能, 完成麋鹿的绘制（图2-117）。

任务实施

（1）设置文档

选择"文件>新建>文档"命令, 在"新建文档"对话框中设置宽度: 200毫米, 高度: 200毫米。单击

图2-117

"边距和分栏"按钮，在"新建边距和分栏"对话框中单击"确定"按钮，新建一个页面。选择"视图>其他>隐藏框架边缘"命令，将所绘制图形的框架边缘隐藏。

（2）绘制背景图形

① 用"矩形"工具 ■绘制一个与页面大小相等的矩形，如图2-118所示，设置图形填充色：CMYK<76，10，36，0>，描边：无；效果如图2-119所示。

② 用"椭圆"工具 ◎绘制一个正圆形，如图2-120所示，设置图形填充色为CMYK<0，64，30，0>，描边：无，调整其大小到合适；效果如图2-121所示。

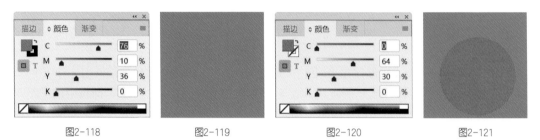

图2-118　　　　　图2-119　　　　　图2-120　　　　　图2-121

（3）绘制麋鹿图形

① 点击"钢笔"工具 ✎，在适当的位置绘制一个闭合路径；如图2-122所示，设置图形填充色为CMYK<63，81，86，50>，描边：无；效果如图2-123所示。

② 点击"钢笔"工具 ✎，在适当的位置分别绘制闭合路径；如图2-124所示，设置图形填充色为CMYK<1，64，93，0>，描边：无；效果如图2-125所示。

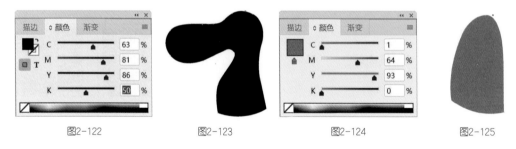

图2-122　　　　　图2-123　　　　　图2-124　　　　　图2-125

③ 用"钢笔"工具 ✎在合适位置分别绘制两个"鹿角"形状的闭合路径，如图2-126所示。点击"渐变色板"工具 ■，如图2-127所示，在"渐变色板"面板中设置渐变类型：线性，左边色块设置填充色为CMYK<1，64，93，0>（图2-128），右边色块设置填充色为CMYK<0，0，0，0>（图2-129）；效果如图2-130所示。

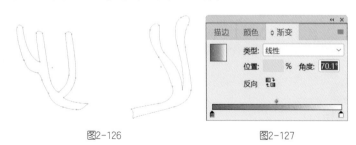

图2-126　　　　　　　　　　图2-127

図2-128   図2-129   图2-130

④ 用"矩形"工具 □ 绘制一个矩形，如图2-131 所示。选择"对象>角选项"命令，在"角选项"对话框中勾选"预览"，转角形状：圆角，转角大小：5毫米，得到一个圆角矩形，如图2-132所示。

⑤ 点击"添加锚点"工具 ，分别在圆角矩形上下中点位置添加一个锚点，同时选取添加的两个锚点，向上拖曳，如图2-133所示；点击"转换方向点"工具 ，在锚点上按住鼠标调整弧度，交替灵活运用"直接选择"工具 ▷ 和"转换方向点"工具 ；效果如图2-134所示。

⑥ 用"选择"工具 ▶ 选中圆角矩形，如图2-135所示，设置图形填充色：CMYK<1，64，93，0>，描边：无，效果如图2-136所示。按下<Alt>键，拖曳鼠标再复制1个圆角矩形，放在麋鹿鼻孔处，再复制2个圆角矩形，放置在麋鹿眉毛处，点击"垂直翻转"工具 ，调整眉毛的方向，并缩放到合适大小。

⑦ 点击"椭圆"工具 ，按住<Shift>键，拖曳鼠标，画出一个正圆图形作为麋鹿的眼睛，设置图形填充色：CMYK<0，0，0，0>，描边：无；按下<Alt>键，拖曳鼠标，复制1个眼睛图形，放置在另一侧，效果如图2-137所示。

⑧ 用"钢笔"工具 在合适位置绘制麋鹿胸部图形，设置图形填充色：CMYK<1，64，93，0>，描边：无；最终效果如图2-138所示。

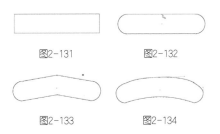

图2-131   图2-132

图2-133   图2-134

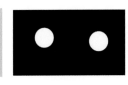

图2-135   图2-136   图2-137   图2-138

举一反三

绘制一个自己喜欢的动物卡通图形。

▶ 微课助手 ◀
绘制麋鹿

▶ 知识链接 ◀
钢笔工具

项目测试

一、填空题

1. InDesign的基本绘图工具包括＿＿＿＿工具、＿＿＿＿工具、＿＿＿＿工具等。

2. InDesign中复合形状是由简单路径、文本框、文本外框或其他形状通过＿＿＿＿、＿＿＿＿、＿＿＿＿、＿＿＿＿、减去后方对象等命令制成的。

3. 闭合路径没有起点和终点，是一条＿＿＿＿的路径。

4. 如果需要在路径和图形中删除多个锚点，可以先按住＿＿＿＿键，再用鼠标选择要删除的多个锚点，选择好后按＿＿＿＿键就可以了。

二、单项选择题

1. 打开文件的快捷键是？（　　）

  A. Ctrl+O   B. Ctrl+N

  C. Ctrl+P   D. Ctrl+S

2. 使用矩形工具时，按住（　　）键的同时可以绘制正方形？（　　）

  A. Shift   B. Ctrl

  C. Alt   D. Tab

三、多项选择题

1. 路径分为哪三种？（　　）

  A. 开放路径   B. 闭合路径

  C. 复合路径   D. 自由路径

2. 路径的组成对象有？（　　）

  A. 锚点   B. 线段

  C. 直线锚点   D. 曲线锚点

项目3
掌握InDesign基础排版技能

项目概述

　　版式设计是平面设计的基本要素，是将各造型要素依据客户的设计要求及设计原则进行合理的排列组合，以达到有效传递信息的目的。

　　本项目主要包括版式设计要素、学会图形排版、学会编辑文本样式、学会制作表样式等模块；通过学习，了解版式设计要素的基础知识，学会"对齐"面板、"表"等命令的应用技能，为画册设计、书籍设计等打下坚实基础。

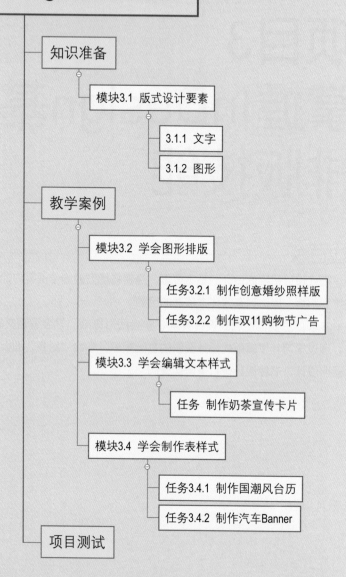

文似看山不喜平

文似看山不喜平，画如交友须求淡。（袁枚《随园诗话》）

意思是写文章好比观赏山峰那样，喜欢奇势迭出，最忌平坦。画画就像交朋友一样，须淡雅朴素。

版式设计与文章、画画一样，要讲究曲折变化，单调、平板、一览无遗的图形或者语言总是令人乏味的。好的版式总是有层次感，能将曲直、方圆、大小、均衡、粗细、断连、虚实、主宾、呼应等元素非常和谐地融合在一起。

Id 知识准备

模块3.1 版式设计要素

◎ 教学目标

1. 了解文字的字体、字号、样式等基本知识。
2. 熟悉图形的概念、类别、分辨率等知识。
3. 树立重视版式设计要素的意识。

3.1.1 文字

文字是一种具体的视觉传达元素，主要是通过改变字体、字号、字形、修饰等达到不同的视觉效果。

（1）字体

字体就是字的形态或形体。供排版、印刷用的规范化文字形态，叫作印刷字体。常用的印刷字体有宋体、黑体、仿宋体，除此之外，还有篆书、隶书、楷书、行书、草书等书写体，以及在书写字体与印刷字体的基础上进行创作的美术体。另外，还有古罗马体、新罗马体、哥特体、意大利体、方饰线体、无饰线体、草书体等拉丁文。

（2）字号

印刷文字有大有小，通常用号数制、点数制等文字计量方法来表示其规格大小。

号数制是将一定尺寸大小的字形按号排列，号数越高，字形越小。

点数制是国际上通用的一种印刷字形计量方法，是从英文Point音译来的，一般用小写的英文p表示，又称"磅"。有如下换算关系：1p=0.35146mm≈0.35mm，1英寸≈72点。

（3）文字样式

文字样式就是指文字的外形，可以对文本起到修饰的作用。文字样式除了"正常"字体以外还包括粗体、斜体、下划线字体、删划线字体、空心字、阴影等。

（4）文字的修饰

文字修饰是对版面的美化装饰，使用时要根据设计物类型和风格合理使用。专业排版软件中字形的修饰有多种形式，如倾斜、旋转、立体字、笔画加粗字等。

（5）文字设计注意事项

在版式设计时，文字选用要符合印刷工艺、印刷条件等要求。对于正文部分或者混合底色上用反白字时，应当使用黑体、隶书等字体，避免使用仿宋、细等线等笔画很细的字体，字体笔画太细，印刷时笔画易丢失，造成字迹不全。也应避免使用粗黑、特粗宋等笔画过于拥挤的字体，以免印刷时产生糊版。字号选择也需要适当大些，一般不小于7磅字。

同时，细小文字应避免叠印在深色的背景上。显示屏中深色背景上的细小文字可能很清楚，但由于油墨减色、呈色的原因，印刷时会造成细小的文字不醒目。另外应尽量避免使用细小反白字，尤其不能使用由2色以上油墨叠印组成的反白字。

3.1.2 图形

（1）图形概述

图形指插附在书刊中的图画、图像等。

（2）图形的表现形式

包含手绘型、数字绘画型、摄影写实型、综合表现型等。

（3）图形类别

位图是由一些排列的像素组成的点阵图，所谓位图就是指其像素是由1位二进制数据构成的图像，有模拟图像和数字图像之分。

模拟图像是指一个以连续形式存储的数据，如用传统相机拍摄的照片，油画、国画等。

数字图像是指用二进制数字处理的数据，如用数码相机拍摄的数字照片。模拟图像可通过扫描或其他方法转换成数字图像，数字图像也可通过图像处理程序绘制而成。

（4）分辨率

组成数字图像的点，在印刷中称其为图像分辨率。图像分辨率是专用于位图的概念，是指图像每英寸内排列的像素数，用DPI（Dots Per Inch，每英寸点数）表示，该参数对图像印刷质量起决定性作用，所以在印前设计时，要合理选取图像分辨率。目前绝大多数图书封面、宣传册、海报、彩色包装等设计作品的图像分辨率均不能低于300DPI。

Id 教学案例

模块3.2 学会图形排版

◎ 教学目标

1. 深入了解"对齐"面板中各个命令的基本功能。
2. 熟练掌握"对齐"面板、"效果"面板等图形排版的基本操作技能。
3. 养成良好的排版习惯。

任务3.2.1 制作创意婚纱照样板

✎ 任务分析

通过本任务的学习，掌握"置入"命令、"对齐"面板中的"对齐边距""对齐关键对象"、左对齐、右对齐、居中对齐等工具和命令的操作技能，完成创意婚纱照样板制作（图3-1）。

图3-1

🖋 任务实施

（1）文件设置

选择"文件>新建>文档"命令，在"新建文档"对话框中设置参数如图3-2所示，宽度：600毫米，高度：420毫米；方向：横版。单击"边距和分栏"按钮，在"新建边距和分栏"对话框中设置参数如图3-3所示，边距上：8毫米、下：8毫米、内：31毫米、外：31毫米，单击"确定"按钮，新建一个页面。选择"视图>其他>隐藏框架边缘"命令，将所绘制图形的框架边缘隐藏。

图3-2

（2）设置右侧图片

① 选择"文件>置入"命令，在"置入"对话框中选择素材文件，单击"打开"按钮，在页面空白处单击鼠标左键置入图片。点击"选择"工具▶，将图片拖曳到适当的位置，效果如图3-4所示。

图3-3

② 按<Shift>+<F7>组合键，在弹出的"对齐"面板中设置参数如图3-5所示，在"对齐"选项 ⊞ 的下拉列表中选择"对齐边距"；如图3-6、图3-7所示，分别单击"右对齐"按钮和"顶对齐"按钮，效果如图3-8所示。

图3-4

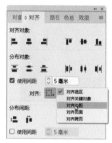

图3-5

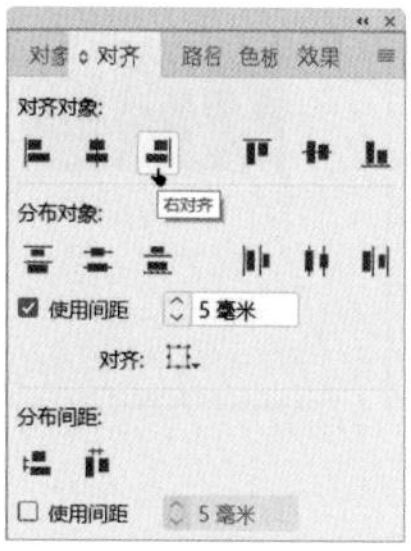

图3-6

图3-7

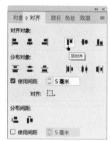

图3-8

（3）设置左侧图片

① 选择"文件>置入"命令，在"置入"对话框中选择3个素材文件，单击"打开"按钮，在页面空白处分别单击鼠标左键置入图片。点击"选择"工具▶，分别将图片拖曳到合适位置，效果如图3-9所示。按住<Shift>键的同时，依次单击3张图片，将其同时选取，如图3-10所示。

② 在"对齐"选项 ⊞ 的下拉列表中选择"对齐关键对象"；如图3-11所示，单击第一张图片，使之作为对齐的关键对象，关键对象图片的边框线为较粗的深蓝色。如图3-12所示，在"对齐"面板中单击"垂直居中对齐"按钮 ┇，效果如图3-13所示。

图3-9　　　　　　　　　　　　　　　　　　　图3-10

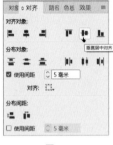

图3-11　　　　　　　　　　　图3-12　　　　　　　　　　图3-13

③ 在"对齐"面板中设置参数如图3-14所示，使用间距：5毫米，单击"水平分布间距"按钮 ，将3张图片等间距分布，效果如图3-15所示。按<Ctrl>+<G>组合键，将其编组，如图3-16所示。

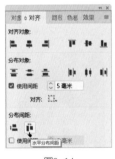

图3-14　　　　　　　　　　图3-15　　　　　　　　　　　图3-16

④ 使用相同方法置入其他图片，并制作如图3-17所示的效果。

⑤ 选择"文件>置入"命令，弹出"置入"对话框，选择"喜结良缘"素材文件，单击"打开"按钮，在页面空白处单击鼠标左键置入图片。点击"选择"工具 ，将图片拖曳到适当的位置，效果如图3-18所示。

图3-17

⑥ 点击"选择"工具 ，按住<Shift>键的同时，分别单击两个编组图片和"喜结良缘"图片，将其同时选取；再次单击第一个编组图片，使之作为对齐的关键对象，如图3-19所示。

图3-18

图3-19

⑦ 如图3-20所示,在"对齐"面板中单击"水平居中对齐"按钮 ,效果如图3-21所示。可根据需要调整素材"喜结良缘"和"遇见最美的你"的位置及大小。

婚纱照模板制作完成,效果如图3-22所示。

图3-20

图3-21

图3-22

举一反三

为自己设计一套个人影集。

▶ 微课助手 ◀
制作创意婚纱照样板

▶ 知识链接 ◀
组织图形

任务3.2.2 制作双11购物节广告

任务分析

通过本任务的学习,掌握"文本"的渐变色填充、垂直缩放、外发光、旋转以及"效果"面板等工具和命令的操作技能,完成双11购物节广告制作(图3-23)。

图3-23

任务实施

（1）设置版式

选择"文件>新建>文档"命令，在"新建文档"对话框中设置宽度：1200px，高度：500px。单击"边距和分栏"按钮，在"新建边距和分栏"对话框中设置边距的"上、下、内、外"分别为0，单击"确定"按钮，新建一个页面；选择"视图>其他>隐藏框架边缘"命令，将所绘制图形的框架边缘隐藏。

（2）置入图片

① 选择"文件>置入"命令，在"置入"对话框中选择背景素材，单击"打开"按钮，在页面空白处分别单击鼠标左键置入图片。点击"选择"工具 ▶，分别将图片拖曳到合适位置，按<Ctrl>+<A>组合键，全选图片，再按<Ctrl>+<L>组合键，将其锁定，效果如图3-24所示。

② 选择"文件>置入"命令，弹出"置入"对话框，选择旗帜等素材文件，单击"打开"按钮，在页面空白处依次单击鼠标左键置入图片。点击"选择"工具 ▶，分别将图片拖曳到适当的位置，按<Ctrl>+<L>组合键，将其锁定，效果如图3-25所示。

图3-24　　　　　　　　　　　　　　图3-25

（3）设置文本

① 点击"文字"工具 T.，在适当的位置拖曳文本框，输入文字"全球狂欢节"，在"字符"面板中设置参数如图3-26所示，字体：华光综艺 CNKI，大小：48点，垂直缩放：80%。

如图3-27所示，在"渐变色板"中设置渐变类型：线性，左边色块：CMYK<0，0，0，0>，右边色块：CMYK<57，66，7，0>，位置：50%，角度：90°，描边：无，效果如图3-28所示。

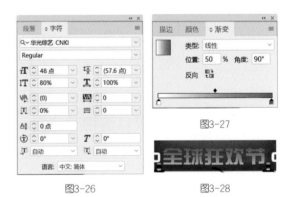

图3-26　　　　　　　　　　图3-28

② 点击"文字"工具 T.，在适当的位置拖曳文本框，输入文本：双11来啦，在"字符"面板中设置参数如图3-29所示，字体：华光超粗黑 CNKI，字体大小：100点，垂直缩放：100%，水平缩放：100%。如图3-30所示，设置填充色：CMYK<1，89，45，0>，描边：无，设置如图3-31所示。

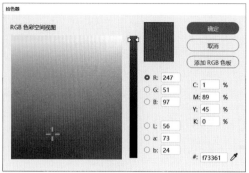

图3-29   图3-30   图3-31

③ 点击"选择"工具 ▶，选中文本；在"效果"面板中设置参数如图3-32所示，勾选"预览"，点击"外发光"，混合模式：滤色，不透明度：90%，滤镜方法：柔和，杂色：0%，大小：10px，扩展：0%；效果如图3-33所示。

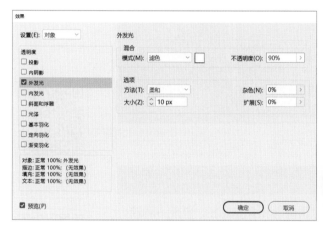

图3-32   图3-33

④ 选择"文字"工具 T，拉出文本框，输入文字：全场不止5折。在"字符"面板中设置参数如图3-34所示，字体：华文彩云，大小：48点。在"描边"面板中设置参数如图3-35所示，粗细：2点，连接：直角，对齐描边：外。在"颜色"面板中设置参数如图3-36所示，描边色：CMYK<59，0，73，0>。在"效果"面板中设置参数如

图3-34   图3-35

图3-37所示，勾选"预览"，点击"外发光"，混合模式：滤色，不透明度：75%，滤镜方法：柔和，杂色：0%，大小：7px，扩展：0%，选择"选择"工具 ▶，选中文字选框，如图3-38所示，在控制面板上设置"旋转角度"：10°，效果如图3-39所示。

图3-36　　　　　　　　　　　　　图3-37　　　　　　　　　　　　图3-39

图3-38

"双11购物节广告"最终效果如图3-40所示。

图3-40

▶ 微课助手 ◀
制作双11购物节
广告

▶ 知识链接 ◀
字符样式和
段落样式

> **🖱 小贴士：电商广告设计原则**
>
> 因为电商广告面积较小，所以广告内容元素要对齐，呈现一种秩序感；不要把画面撑得过满，要留有一定的呼吸空间，既能减少横幅的压迫感，又能引导读者视线，突出重点内容。颜色、字体和图形的数量不能太多，过多的颜色、字体、图形会分散读者的注意力，使版式看起来过于凌乱。

模块3.3　学会编辑文本样式

◎ **教学目标**

1. 了解"文字"工具组中的"文字"工具、"路径文字"工具以及"字符"面板等的基本功能。
2. 熟练掌握"文字"工具组、"字符"面板等的基本操作技能。
3. 养成良好的排版习惯。

任务 制作奶茶宣传卡片

✎ 任务分析

通过本任务的学习，掌握"文字"工具组中的"文字"工具与"路径文字"工具、"字符"面板等工具和命令的操作技能，完成奶茶宣传卡片制作（图3-41）。

✎ 任务实施

（1）设置版式

选择"文件>新建>文档"命令，在"新建文档"对话框中设置宽度：78毫米，高度：139毫米；单击"边距和分栏"按钮，在"新建边距和分栏"对话框中设置边距的"上、下、内、外"分别为0；单击"确定"按钮，新建一个页面；选择"视图>其他>隐藏框架边缘"命令，将所绘制图形的框架边缘隐藏。

（2）绘制图片

① 选择"文件>置入"命令，在"置入"对话框中选择参考用的咖啡杯素材文件，单击"打开"按钮，在页面空白处分别单击鼠标左键置入图片。点击"选择"工具 ▶，将图片拖曳到合适位置并锁定，以免后期拖动，效果如图3-42所示。

图3-41

② 点击"钢笔"工具 ✐，沿咖啡杯图形轮廓分别绘制多个闭合路径，填充黑色，如图3-43所示。

③ 用"矩形"工具 ▭ 在适当位置绘制一个矩形，如图3-44所示。在"描边"面板中设置参数如图3-45所示，粗细：1点，端点：平头端点，斜接限制：4，连接：斜接连接，对齐描边：描边对齐中心。在"角选项"面板中设置参数如图3-46所示，转角形状：圆角，转角大小：5毫米，用"添加锚点"工具 ✐ 分别在矩形上下的中点添加一个锚点；同时选中添加的两个锚点，向下拖曳，如图3-47所示。

图3-42

图3-43

图3-44

图3-45

图3-46

图3-47

④ 点击"转换方向点"工具 ，在锚点上按住鼠标调整弧度，交替灵活运用"直接选择"工具 和"转换方向点"工具 调整，效果如图3-48所示。

⑤ 将黑色奶茶杯的闭合路径进行整合。点击"选择"工具 ，将图3-49上的奶茶杯形状按照图3-50中的顺序排列整齐，接着按<Shift>键，选择图3-50上奶茶杯的所有闭合路径，按<Ctrl>+<G>组合键，将闭合路径编组，效果如图3-5l所示。

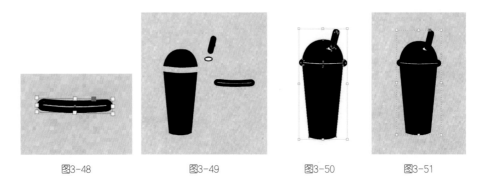

| 图3-48 | 图3-49 | 图3-50 | 图3-51 |

⑥ 再复制一个奶茶杯，先取消编组，然后点击"选择"工具 ，改变奶茶杯的颜色，杯盖和杯身填充：白色，如图3-52所示，其吸管和杯盖边缘填充：黑色，描边：黑色；在"描边"面板设置，粗细：0.283点，端点：平头端点，斜接限制：4，连接：斜接连接，对齐描边：描边对齐中心，如图3-53所示。

图3-52

⑦ 将白色奶茶杯的闭合路径进行整合。点击"选择"工具 ，按<Shift>键，选择图3-54上奶茶杯的所有闭合路径，再按<Ctrl>+<G>组合键，将闭合路径编组，如图3-55所示。

⑧ 点击"选择"工具 ，选中白色奶茶杯的编组，旋转白色奶茶杯至一定角度（图3-56）；按图中奶茶杯前后顺序，黑色奶茶杯在前，白色奶茶杯在后，按<Ctrl>+<G>组合键，将两个奶茶杯编组，如图3-57所示。

图3-53

| 图3-54 | 图3-55 | 图3-56 | 图3-57 |

（3）设置路径文本

① 按<Shift>键，用"椭圆"工具 在合适位置绘制一个正圆形；原位复制一个正圆

形，同时按下<Shift>+<Alt>键将其等比例缩放到合适大小，如图3-58所示。

②用"选择"工具 ▶ 选取小圆形，点击"路径文字"工具 ✍，将光标移动到路径边缘；如图3-59所示，当光标变为图标 ↙ 时，单击鼠标左键在路径上插入光标，输入需要的文字，如图3-60所示。用"文本"工具选取输入的文字，在"字符"面板中选择合适的字体及大小，如字体：华文隶书，大小：9点，行距：10.8点，描边：无，如图3-6l所示，填色：黑色，即CMYK<0，0，0，100>，如图3-62所示。

| 图3-58 | 图3-59 | 图3-60 | 图3-61 | 图3-62 |

③同理，制作其他路径文字，如图3-63～图3-67所示。

| 图3-63 | 图3-64 | 图3-65 | 图3-66 | 图3-67 |

（4）设置图标

①按<Shift>键，用"矩形"工具 ▢ 在合适位置绘制一个正方形，在"描边"面板中设置颜色：CMYK<0，0，0，0>，粗细：2点，效果如图3-68所示。在"角选项"面板中设置参数如图3-69所示，转角形状：圆角矩形，转角大小：5毫米，效果如图3-70所示。

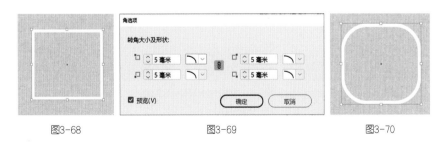

| 图3-68 | 图3-69 | 图3-70 |

②双击"多边形"工具 ⬡，在弹出的"多边形设置"对话框中设置边数：3，如图3-71所示；按<Shift>键，拖曳出一个正三角形（图3-72）。用"选择"工具 ▶ 选取正三角形，单击"垂直翻转"工具，效果如图3-73所示。

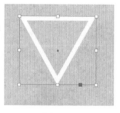

图3-71　　　　　　　　　　图3-72　　　　　　　　图3-73

③ 修剪三角形与圆角矩形重叠的两条线段。如图3-74所示，移动正三角形至圆角矩形正下方。点击"直接选择"工具 ▷，按<Shift>键，框选这两个线框（图3-75）。如图3-76～图3-78所示，点击"剪刀"工具 ✂，选择需要剪掉的线段锚点。如图3-79所示，将剪掉的线段拖曳出来，将其删除。

④ 连接圆角矩形断开的端点与三角形断开的端点。用"添加锚点"工具 ✎ 添加锚点，锚点位置如图3-80所示；按<Shift>键，用"直接选择"工具选取左侧需要连接的两个锚点，选择"对象>路径>连接"。同理，链接图3-81上的右侧需要连接的两个端点，效果如图3-82所示。

⑤ 点击"文字"工具 T，在线框内拖曳出一个文本框，输入需要的文字并选取文字，在"字符"面板中设置字体格式及大小；设置文字填充色：CMYK<0，0，0，0>，效果如图3-83所示。按<Shift>键，用"选择"工具 ▶ 同时选中线框和文字，并按下<Ctrl>+<G>组合键编组，效果如图3-84所示。将鼠标放在选框右上角旋转图标，效果如图3-85所示。

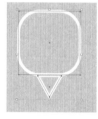

图3-74　　　　　　图3-75

图3-76　　　　　图3-77　　　　　图3-78　　　　　图3-79　　　　　图3-80

图3-81　　　　　图3-82　　　　　图3-83　　　　　图3-84　　　　　图3-85

（5）设置广告语

点击"文字"工具 T，在适当的位置拖曳出文本框，分别输入需要的文字并选取文字，在"字符"面板中设置合适的字体及大小，效果如图3-86所示。

奶茶宣传卡片制作完成，效果如图3-87所示。

图3-86   图3-87

▶ 小贴士：版式设计要有明确的主题 ▬▬▬▬▬▬▬▬▬▬▬

    在版式设计中，主题要鲜明突出，依据主次关系强调主体形象；将文案中的多种信息依据主次关系依次编排设计，有助于主体形象的建立，在主体形象四周增加空白，使被强调的形象鲜明突出。

▶ 微课助手 ◀
制作奶茶宣传卡片

▶ 知识链接 ◀
编辑文本

模块3.4 学会制作表样式

◎ 教学目标

1. 了解制表符、插入表、表选项等的基本功能。
2. 掌握创建制表符、贴入内部、插入表、表选项、表格文本设置等工具和命令的基本操作技能。
3. 具备融会贯通的学习能力。

任务3.4.1 制作国潮风台历

✎ 任务分析

    通过本任务的学习，掌握创建制表符、快速使文字对齐、设置字符样式等工具和命令的操作技能，完成国潮风台历制作（图3-88）。

图3-88

✎ 任务实施

（1）制作台历日期

① 选择"文件>新建>文档"命令，在"新建文档"对话框中设置宽度：297毫米，高度：210毫米。单击"边距和分栏"按钮，在"新建边距和分栏"对话框中设置边距的"上、下、内、外"分别为20毫米，单击"确定"按钮，新建一个页面。选择"视图>其他>隐藏框架边缘"命令，将所绘制图形的框架边缘隐藏。

② 选择"文件>置入"命令，在"置入"对话框中选择深蓝背景素材，单击"打开"按钮，在页面空白处单击鼠标左键置入图片。用"选择"工具 ▶ 将图片拖曳到合适位置并调整其大小，效果如图3-89所示。

③ 用"选择"工具 ▶ 选取深蓝背景图片，用"剪刀"工具 ✂ 裁剪图片，效果如图3-90所示。选择"文件>置入"命令，在"置入"对话框中选择白鹤等素材，单击"打开"按钮，在页面空白处依次单击鼠标左键置入素材，用"选择"工具 ▶ 分别将素材拖曳到适当的位置并调整其大小，效果如图3-91所示。

④ 点击"文字"工具 T.，在页面中分别拖曳文本框，输入文本：九月。用文本工具选取文字，在"字符"面板中设置字体：华光中雅，字体大小："九"字60点，"月"字30点，效果如图3-92所示。

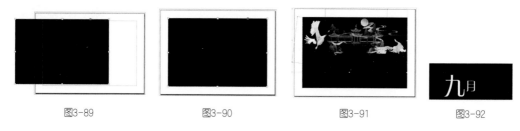

图3-89　　　　　　　图3-90　　　　　　　图3-91　　　　　　　图3-92

⑤ 用"矩形"工具 ■ 在合适位置绘制一个矩形，在"描边"面板中设置参数如图3-93所示，粗细：2点，端点：平头端点，斜接限制：4，连接：斜接连接，对齐描边：描边对齐中心；效果如图3-94所示。

⑥ 点击"文字"工具 T.，在页面中拖曳文本框，输入文本：2020。在"字符"面板中设置参数如图3-95所示，字体：华光中雅 CNKI，字体大小：20点，垂直缩放：200%，水平缩放：100%；如图3-96所示，同时选取文字和线框，按下<Ctrl>+<G>组合键群组，效果如图3-97所示。

图3-93　　　　　　图3-94　　　　　　　图3-95　　　　　　图3-96　　　　图3-97

⑦ 选择"文字"工具 T，在页面中拖曳一个文本框，输入"周次、日期"等文本，如图3-98所示。用"文本"工具选取文本，在控制面板中设置文字格式，字体：华光中雅，如图3-99所示，大小：18点，行距：42点，按<Enter>键，效果如图3-100所示。

图3-98 　　　　　　　　　　　　　　　图3-99 　　　　　　　　　　　　　　　图3-100

⑧ 用"文字"工具 T 同时选取输入的文字，选择"文字>制表符"命令，在"制表符"面板上设置参数如图3-101所示，单击"左对齐制表符"按钮，在标尺上单击添加制表符，在"X"文本框中输入"18毫米"。单击面板右上方图标 ≡，在弹出的菜单中选择"重复制表符"命令，"制表符"面板如图3-102所示。

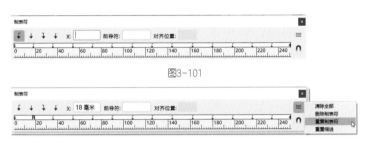

图3-101

图3-102

⑨ 在每个周次、日期后单击鼠标左键插入光标，按<Tab>键，如图3-103所示。用相同的方法分别在适当的位置插入光标，按<Tab>键，效果如图3-104所示。

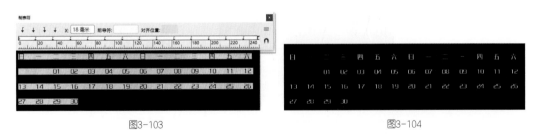

图3-103 　　　　　　　　　　　　　　　图3-104

⑩ 设置阴历文本的字间距。复制阳历文本的日期，并将其放置到阳历文本下方，参考日历更改阴历日期，效果如图3-105所示。点击"直线"工具 ∕，按住<Shift>键的同时，在周次下方绘制一条水平直线，效果如图3-106所示。

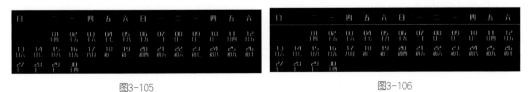

图3-105 　　　　　　　　　　　　　　　图3-106

（2）制作台历环

① 选择"椭圆"工具 ⬭，按住<Shift>键的同时，在页面中绘制一个正圆形，设置填充色：CMYK<0，0，0，30>，描边：无，效果如图3-107所示。

按住<Shift>键，用"直线"工具 ╱ 绘制一条垂直线，设置描边色：CMYK<0，0，0，30>；在"描边"面板中设置粗细：1点，按<Enter>键，效果如图3-108所示。

② 按住<Shift>键，用"选择"工具 ▸ 将直线和圆形同时选取，按<Ctrl>+<G>组合键群组为一个完整的台历环，效果如图3-109所示。按住<Alt>+<Shift>组合键的同时，拖曳台历环水平向右到合适位置，复制一个台历环，效果如图3-110所示。

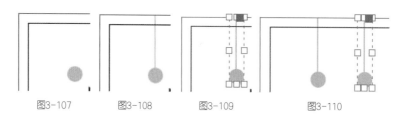

图3-107　　　　图3-108　　　　图3-109　　　　图3-110

③ 连续按<Ctrl>+<Alt>+<4>组合键，根据图形需要再复制多个台历环，效果如图3-111所示。按住<Shift>键，用"选择"工具 ▸ 同时选取所有台历环，按<Ctrl>+<G>组合键编组，如图3-112所示。

图3-111

图3-112

④ 在"控制"面板中将台历环的"不透明度"设置为50%，按<Enter>键，国潮风台历制作完成，效果如图3-113所示。

图3-113

▶ 微课助手 ◀
制作国潮风台历

▶ 知识链接 ◀
制表符的创建

任务3.4.2　制作汽车Banner[1]

✍ 任务分析

通过本任务的学习，掌握贴入内部、插入表、表选项、表格文本设置等工具和命令的操作技能，完成汽车Banner制作（图3-114）。

---

[1] 在设计中，Banner一般指网幅广告、横幅广告等，可以简单说成是表现商家广告内容的图片，是互联网广告中最早、最基本、最常见的广告形式。

图3-114

🔖 任务实施

（1）置入并编辑图片

① 选择"文件>新建>文档"命令，在"新建文档"对话框中设置宽度：310毫米，高度：215毫米。单击"边距和分栏"按钮，在"新建边距和分栏"对话框中设置边距的"上、下、内、外"分别为8毫米，单击"确定"按钮，新建一个页面。选择"视图>其他>隐藏框架边缘"命令，将所绘制图形的框架边缘隐藏。

② 用"矩形"工具 ■.绘制一个与页面同等大小的矩形，设置填充色：白色，描边：无。取消矩形的选取状态，按<Ctrl>+<D>组合键，在"置入"对话框中选择背景素材，单击"打开"按钮，在页面空白处单击鼠标左键置入图片。选择"自由变换"工具 ⊞，将图片拖曳到合适位置，效果如图3-115所示。

③ 选择"文字"工具 T.，在适当的位置分别拖曳文本框，分别输入文本"猫力觉醒""欧拉 好猫 新世代智美潮跑"。选取文字"猫力觉醒"，在"字符"面板中设置参数如图3-116所示，字体：方正粗倩简体，大小：48点，字宽：150%，按<Enter>键确定。选取文字"欧拉 好猫 新世代智美潮跑"，在"字符"面板中设置参数如图3-117所示，字体：方正粗倩简体，大小：18点，字宽：120%，按<Enter>键确定。

图3-115

图3-116

图3-117

④ 按住<Shift>键，用"矩形"工具 ■.在适当的位置绘制一个正方形。在"角选项"面板中设置参数如图3-118所示，转角形状：圆角矩形，转角大小：5毫米。在"描边"面板中设置颜色：CMYK<0, 0, 0, 0>，粗细：1点，按<Enter>键确定，效果如图3-119所示。

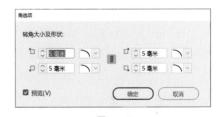

图3-118

⑤ 取消圆角矩形的选取状态，按<Ctrl>+<D>组合键，在"置入"对话框中选择"方向盘"素材，单击"打开"按钮，在页面空白处单击鼠标左键置入图片。选择"自由变换"工具，拖曳图片到适当的位置并调整其大小，效果如图3-120所示。

图3-119 图3-120

⑥ 保持图片选取状态，按<Ctrl>+<X>组合键，剪切图片。点击"选择"工具▶，选择白色圆角矩形，如图3-121所示；选择"编辑>贴入内部"命令，将图片贴入圆角矩形内部，效果如图3-122所示。同理，设置其他两个图形，效果如图3-123所示。

⑦ 按住<Shift>键，用"选择"工具▶同时选取三个圆角矩形，如图3-124所示。按下<Shift>+<F7>组合键，弹出"对齐"面板，如图3-125所示，在"对齐"选项的下拉列表中选择"对齐选区"，分别单击"垂直居中对齐"按钮 ┿ 和"按左分布"按钮 ▐▌；效果如图3-126所示。

    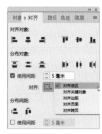 

图3-121 图3-122 图3-123 图3-124 图3-125 图3-126

⑧ 选择"文字"工具 T，在适当的位置拖曳文本框，输入需要的文字。如图3-127所示，在"字符"面板中设置字体：华光中雅CNKI，大小：14点；如图3-128所示，在"段落"面板中设置：左对齐，左缩进：0毫米，使三段文字对齐。

图3-127 图3-128

⑨ 按<Shift>键，用"直线"工具 ╱ 分别绘制一条水平线和垂直线，设置描边为白色，如图3-129所示；按<Shift>键，用"椭圆"工具 ◯ 绘制一个正圆形，设置填充色为白色（图3-130）；同时选中两条直线和圆形，按<Ctrl>+<Shift>组合键，将三个图形组合，效果如图3-131所示。

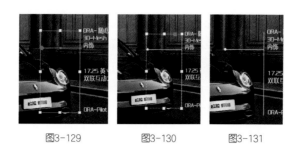

图3-129　　　　　　图3-130　　　　　　图3-131

（2）绘制并编辑表格

① 点击"文字"工具 **T**，在页面中拖曳出一个文本框。选择"表>插入表"命令，在"插入表"对话框中设置参数如图3-132所示，正文行：5，列：5；单击"确定"按钮，效果如图3-133所示。

② 将表头第一行变宽。如图3-134所示，将光标移到表第一行的下边缘，当光标变为图标 时，按住鼠标左键向下拖曳，如图3-135所示，松开鼠标左键，效果如图3-136所示。

图3-132

③ 将表头第一列变窄。将光标移到表头第一列的右边缘线，如图3-137所示，当光标变为图标 时，向左拖曳鼠标，松开鼠标左键，效果如图3-138所示。

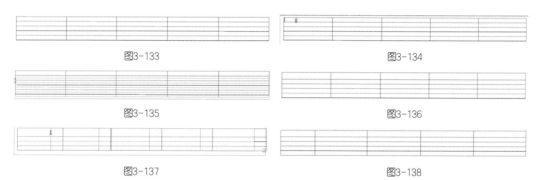

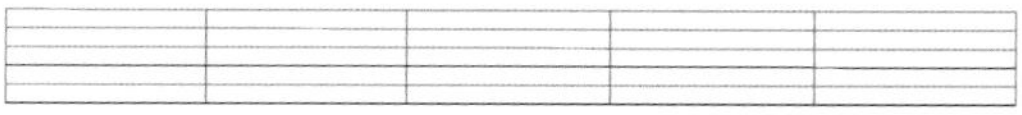

图3-133　　　　　　　　　　　　　　　　图3-134

图3-135　　　　　　　　　　　　　　　　图3-136

图3-137　　　　　　　　　　　　　　　　图3-138

④ 设置新色板。选择"窗口>颜色>色板"命令，如图3-139所示，在"色板"面板中单击右上方图标 ，选择"新建颜色色板"。如图3-140所示，在"新建颜色色板"面板中设置颜色模式：CMYK<0，0，0，50>，单击"确定"按钮；"色板"面板中生成一个新设置的色板，如图3-141所示。

图3-139

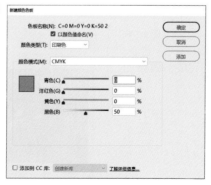

图3-140

图3-141

⑤ 选择"表>表选项>交替填色"命令，在"表选项"对话框中设置参数如图3-142所示，点击"填色"选项进行设置，交替模式：每隔一行，前：1行，后：1行，颜色：CMYK<0，0，0，50>，色调：20%，单击"确定"按钮；效果如图3-143所示。

图3-142

（3）添加相关的产品信息

① 在表格中分别输入需要的文字，使用"文字"工具 T.，依据主次关系分别选取表格中同级别的文字，在"字符"面板中设置字体：黑体，大小：10点，效果如图3-144所示。用"文本"工具同时选取表格中所有文字，按<Alt>+<Ctrl>+<T>组合键，弹出"段落"面板，单击"居中对齐"按钮 ≡，效果如图3-145所示。

图3-143

图3-144

图3-145

② 调整表格大小及表格中文字的对齐方式，避免文字下沉。用"文本"工具选取左列文字（表格为选取状态时为黑色），如图3-146所示，按<Shift>+<F9>组合键，在弹出的"表"面板中设置参数如图3-147所示，列宽：40毫米，在"表"面板中单击"居中对齐"按钮 ▦，"上、下、左、右"缩进分别为0.5毫米；用"文本"工具选中表格内右侧四列所有文本，在"表"面板中单击"居中对齐"按钮 ▦，"上、下、左、右"缩进分别为0.5毫米；效果如图3-148所示。

图3-146

图3-147

图3-148

③ 汽车Banner制作完成，效果如图3-149所示。

▶ 微课助手 ◀
制作汽车Banner

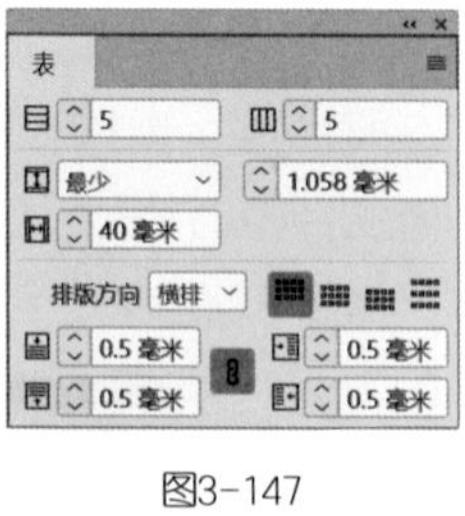

图3-149

一、填空题

1. 使用钢笔工具可以绘制最简单的线条是_____。

2. 在InDesign中，打开"段落"面板的快捷键是_____。

3. InDesign的主要功能是_____。

4. 在InDesign中置入Word文档的快捷键是_____。

二、单项选择题

1. 绘制开放路径时，如何结束路径的绘制？（　　）

   A. 按住Alt键　　　B. 按住Shift键　　C. 按住Ctrl键　　　D. 按住Enter键

2. 如何修改文本框中文本的颜色？（　　）

   A. 选中文本框后在"颜色（Color）"调板中选择一种颜色

   B. 高亮选中文本后从"变换（Transform）"调板中选择一种颜色

   C. 选中文本框后在"变换（Transform）"调板中选择一种颜色

   D. 高亮选中文本后在"颜色（Color）"调板中选择一种颜色

三、多项选择题

1. 下列关于描边的说法，错误的是？（　　）

   A. 颜色设置为无（None）时，描边宽度为0

   B. 描边宽度只能均匀分布在路径的两侧

   C. 描边不能用渐变颜色

   D. 同一条路径上描边的宽度处处相等

2. 对三个填充色不同的矩形应用"复合路径（Compound Path）"命令，关于生成的复合路径，说法错误的是？（　　）

   A. 填充色为最上层矩形的颜色

   B. 填充色为最底层矩形的颜色

   C. 三个矩形交叠的地方被挖空

   D. 生成的复合路径可以使用取消群组（Ungroup）命令分为三条子路径，但填充色和复合路径相同

项目4
制作设计作品集

项目概述

　　画册编辑设计是InDesign软件的基本功能，也是世界技能大赛、全国职业技能大赛中平面设计技术项目竞赛的三大模块之一。

　　每个设计类专业学生在毕业前都要制作一本自己的设计作品集，本项目以制作设计作品集为教学案例，使学生在完成个人设计作品集的同时，掌握职业技能大赛平面设计技术项目之画册编辑设计的技能，树立走入社会、胜任工作岗位的自信心。

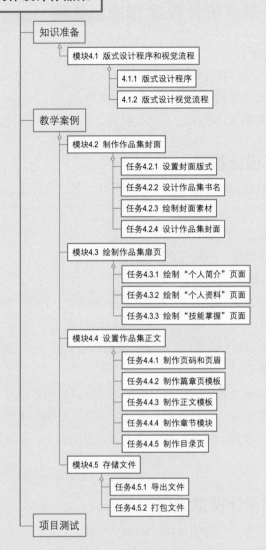

项目4 制作设计作品集

知识准备

　模块4.1 版式设计程序和视觉流程

　　4.1.1 版式设计程序

　　4.1.2 版式设计视觉流程

教学案例

　模块4.2 制作作品集封面

　　任务4.2.1 设置封面版式

　　任务4.2.2 设计作品集书名

　　任务4.2.3 绘制封面素材

　　任务4.2.4 设计作品集封面

　模块4.3 绘制作品集扉页

　　任务4.3.1 绘制"个人简介"页面

　　任务4.3.2 绘制"个人资料"页面

　　任务4.3.3 绘制"技能掌握"页面

　模块4.4 设置作品集正文

　　任务4.4.1 制作页码和页眉

　　任务4.4.2 制作篇章页模板

　　任务4.4.3 制作正文模板

　　任务4.4.4 制作章节模块

　　任务4.4.5 制作目录页

　模块4.5 存储文件

　　任务4.5.1 导出文件

　　任务4.5.2 打包文件

项目测试

职业素养　乐统同，礼辨异

乐统同，礼辨异。（《礼记》）

乐，就是乐器，也就是乐舞。音乐就是乐音的运动形式，而乐音的特点就是差异。不同的音乐，音高、音长、音色等都不同，但组合在一起就很好听。可见，不一样或者不平等不是问题，问题的关键在于如何去组织。而组织就和音乐一样，关键在于和谐，和谐就是多样统一。

礼，指礼器，也指祭礼。在祭祀仪式上，接受致敬和礼拜的列祖列宗谁坐主席，谁坐次席，要有一个顺序，参加祭祀的人，也要有一个次序，这个次序就是礼的本质。礼既然是秩序，就可以用来处理人际关系，治理社会。它在于身份认同和社会责任的分配。

版式设计也是同样的道理，要讲秩序，元素之间要有明确的主次关系；要讲调和，元素之间要协调、统一。

Id 知识准备

模块4.1 版式设计程序和视觉流程

◎ 教学目标

1. 了解版式设计程序的基本步骤。
2. 熟悉版式设计视觉流程的种类、特点等。
3. 具备清晰的设计思路。

4.1.1 版式设计程序

通常版式设计会经过以下几个程序完成，但也会因设计者个人习惯、设计要求等因素增加或者减少个别步骤。

（1）草图

构思并画出草图，一般需要有若干草图备选。

（2）设计稿

从草图中选取一个或者几个较贴近设计要求的，并进一步描绘出其细节。

（3）正稿

在甄选出最后设计方案后，对该方案进行正式的设计、编排、绘制等操作。

（4）清样

清样是从印刷设备上制作出的校样。清样应当同最终成品一致。制作清样就是为了防止在正式印刷制作前仍有没能发现的文字错误、纰漏，不合乎设计要求的细节，或者是没有调整好分色方案等。如果出现错误，就需要回到上一步继续修改，因此，清样可能制作不止一次。

4.1.2 版式设计视觉流程

视觉过程受运动过程中各种外部和主观因素的影响，会产生各种形式的运动。根据设计、布局的特点，版式设计视觉流程有以下几种。

（1）直线视觉流程

直线视觉流程是由视觉要素随直线运动而形成的。常见的形式有：直线单向视觉流程、直线双向视觉流程、斜向视觉流程、多向视觉流程、离心性导线流程。

（2）曲线视觉流程

曲线视觉流程是由视觉要素随弧线或回旋线运动而形成的。它不如直线视觉流程直接简明，但更具流畅的美感。

曲线视觉流程的形式有：弧线形(C形)视觉流程、回旋形(S形)视觉流程。弧线形视觉流程使页面具有很强的扩张性和方向感；回旋形(S形)视觉流程是两个相反的弧线产生矛盾回旋，能在平面中增加深度和动感。

（3）重心视觉流程

视觉的重心是人们观看一个版面时，视线最终停留的位置。重心的位置因其具体画面而定。在视觉流程上，首先是从版面重心开始，然后顺沿对象的方向与力度的倾向来发展视线的进程。

视觉重心有着稳定版面的效果（可以使版面具有平稳的视觉效果），给人可信赖的心理感受，没有重心的版式设计是失败的。

重心平衡常用的设计方法有对称均衡、几何图形平衡。用对称的方法，可以让不稳定的元素变得稳定。用规则的几何图形如三角形、四边形等平放的时候，会给人重心稳定的感觉，尤其是平放的三角形，更加稳固。

（4）反复视觉流程

反复视觉流程就是以相同或者相似的元素反复排列在画面中，给人视觉上的重复感。采用重复图案，可以增强图形的识别性，增加画面的生动感，形成画面的统一性与连续性，给人以整齐、稳定、有规律的视觉效果，增添整个版面的节奏与韵律。

在完全相同元素重复的同时，可以有不同的表现方式，在相同中找差异，在整齐中求变化，这就是反复视觉流程中的特异视觉流程。

（5）导向视觉流程

导向视觉流程是通过诱导性视觉元素，主动引导读者视线向一定方向作顺序运动，按照由主及次的顺序，把页面各构成要素依次串联起来，形成一个有机整体。

导向视觉流程的特点：可以使版面重点突出，条理清晰，发挥最大的信息传达功能。

表现形式主要有文字导向、手势导向、指示导向、形象导向、视线导向等几种。

文字导向：是通过语义的表达产生理念上的导向作用。另外，也可以对文字进行图形化处理，对浏览者产生自觉的视觉导向作用。

手势导向：手势导向比文字导向更容易理解，且更具有一种亲和力。

指示导向：同手势导向一样容易理解，较常采用的形象为箭头。

形象导向：指利用具象的形象或抽象的符号来引导浏览者视线的页面排列构成方式，它可以使页面信息的浏览层次更加清晰与明确。

视线导向：一组人物、动物面向同一方向，会因共同的视线而一致起来。不同的物品方向一致，也可以产生统一感。如果将页面中人物的视线对着物品，就会引导浏览者的视线集中到物品上。充分利用视线导向可以使视觉元素之间的联系加强，结构更加紧凑。

（6）散点视觉流程

散点视觉流程指分散处理视觉元素的编排方式。它强调感性、自由性、随机性、偶合性。其视觉流程为：视线随各视觉元素作或上或下或左或右的自由移动。这种视觉流程不如其他视觉流程严谨、快捷、明朗，但生动、有趣，给人一种轻松随意和慢节奏的感受。自由的视觉元素组合会使版面传达出轻松自在的视觉感受。

Id 教学案例

教学目标

1. 熟悉版式设置、美术字设计、封面设计等基本方法。
2. 掌握封面版式设置、作品集书名设计、封面素材绘制、作品集封面制作等操作技能。
3. 树立走入社会、胜任工作岗位的自信心。

任务4.2.1 设置封面版式

任务分析

在开始作品集设计之前，首先要了解设计作品集的设计流程，确定作品集的设计定位。

（1）作品集设计流程

设计作品集的客户是学生本人，印刷量少，不需要制版，打印、装订工艺相对简单，与书籍设计、杂志设计等相比，设计流程少一些。一般需要以下流程：设计定位（确定设计风格、版式、印刷材料及工艺）→版式设计→打印样稿→三审三校→打印成品。

本任务的重点环节是版式设计。

（2）作品集设计定位

确定设计风格：艺术类专业作品集一般应体现一定的个性化和创意，适于采用视觉冲击力较强的设计风格。

确定版式尺寸：作品集一般是以作品图片为主，为更好展示作品，宜采用横版；本案例成品尺寸定为宽291毫米×高204毫米。

确定印刷材料及工艺：封面、封底采用250克铜版纸彩色打印，正文采用180克铜版纸彩色打印。

通过本任务的学习，掌握文档尺寸和版心设置、书脊和封面版心设置等操作技能，完成封面版式设置。

任务实施

（1）设置文档尺寸与版心

① 打开InDesign，选择"文件>新建>文档"命令，或者同时按下<Ctrl>+<N>组合键，在"新建文档"对话框中选择"自定"，将"未命名-1"改为：设计作品集，单位："毫米"，宽度：291毫米，高度：204毫米，方向：横向，装订：从左到右页，页面：10，起点：2，勾选"对页"；设置如图4-1所示。

② 点开"出血和辅助信息区"对话框，默认出血设置：3毫米；其他信息不修改，点击

"确定"，如图4-2所示。

③ 点击"边距和分栏"，在打开的"边距"对话框中设置主页版心，上：30毫米，下：24毫米，内：18毫米，外：18毫米，数值如图4-3所示。其他设置不修改，点击"确定"。

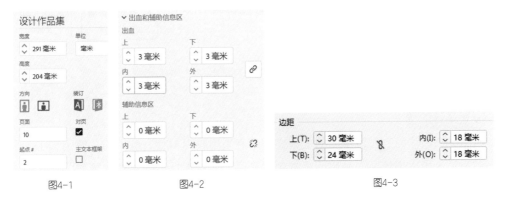

图4-1   图4-2   图4-3

（2）设置书脊和封面版心

① 插入书脊页面。如图4-4所示，在"页面"面板上点击右键，取消"允许文档页面随机排布"。如图4-5所示，选中"页面2"，点击右键，选择"插入页面"；如图4-6所示，在"插入页面"面板设置页数：1，插入：页面后、2。效果如图4-7所示。

图4-4   图4-5   图4-6   图4-7

② 取消封面版心。如图4-8所示，在"页面"面板上点击"2-4"，同时选中"2-4"三个页面。如图4-9所示，选择"版面>边距和分栏"命令，在"边距"对话框中设置数值如图4-10所示，上：0毫米，下：0毫米，内：0毫米，外：0毫米，点击"确定"，取消封面版心的设置；效果如图4-11所示。

图4-8   图4-9   图4-10   图4-11

③ 设置书脊尺寸。假定书脊尺寸为8毫米，如图4-12所示，在"页面"面板上选中"页面3"；如图4-13、图4-14所示，在工具栏点击"页面"工具，在控制面板中设置"书脊"尺寸，W：8毫米，H值不变；点击<Enter>键，完成封面版式设置，效果如图4-15所示。

图4-12   图4-13   图4-14   图4-15

（3）存储

选择"文件>存储"命令，或者同时按下<Ctrl>+<S>组合键，在"存储为"对话框中设置一个"新建文件夹"，点击"保存"，将文件保存为"设计作品集"ID格式。

▶ 微课助手 ◀
设置封面版式

▶ 知识链接 ◀
页面的设置

任务4.2.2 设计作品集书名

🖊 任务分析

作品集书名作为封面最重要的主题文字，宜采用较为粗壮、醒目的个性化文字。本任务书名设计采用以黑体字为基础的艺术创意文字。通过本任务的学习，掌握个性化美术文本设计的操作技能，完成作品集书名设计。

初学者在设计封面艺术字时，可以依据作品集设计风格先在电脑上设置相应书名的字体、大小、位置，再依据文字的笔画结构，在速写本上绘制出需要的个性化文字草图，这样能保证文字结构不会出现大问题。将设计好的草图，先通过扫描、拍照等手段采集电子稿，再通过U盘、微信等传输工具将图片上传至电脑，作为书名艺术字体绘制依据。为便于教学，本任务采用已绘制好的素材"书名"进行讲解。

🖊 任务实施

（1）置入"书名"设计图

打开"设计作品集"源文件，选择"文件>置入"命令，将"书名"素材图片"置入"画面，放置到封面合适位置，调整到合适大小，如图4-16所示；同时按下<Ctrl>+<L>组合键"锁定"素材，以免绘制时移动。

（2）绘制"书名"竖笔画

① 按下<Alt>键，拖动鼠标滑轮放大画面，以便准确绘制。

② 参考置入的设计草图，选择"矩形"工具绘制一个"竖直矩形"，如图4-17所示，在控制面板上设置宽度：3毫米，高度依据草图绘制；如图4-18所示，设置填充色CMYK值为<0，100，0，0>，描边：无。

③ 如图4-19所示，按下<Alt>键的同时，拖动"竖直矩形"，复制多个竖笔画。

④ 选中"选择"工具，依据草图拖动矩形中间节点，调整竖笔画高度，不改变竖笔画的宽度。同理，完成所有竖笔画的绘制；效果如图4-20所示。

W: ⌃ 3毫米   H: ⌃ 63毫米

图4-16   图4-17   图4-18   图4-19   图4-20

（3）绘制"书名"横笔画

① 如图4-21所示，选择"矩形"工具，绘制一个"水平矩形"，由于中文字体横笔画应比竖笔画略细，如图4-22所示，在控制面板上设置矩形高度：2.8毫米，横笔画宽度依据草图绘制。为将横笔画与竖笔画的色彩区分开，如图4-23所示，设置填充色CMYK值为<100, 0, 0, 0>，描边：无。

② 选中横笔画，在控制面板找到"角选项"，如图4-24所示，设置转角形状：圆角，转角大小：0.5毫米；效果如图4-25所示。

图4-21　　　　　图4-22　　　　　图4-23　　　　　图4-24　　　　　图4-25

③ 如图4-26所示，按下<Alt>键的同时，拖动"水平矩形"，复制多个横笔画。

④ 选中"选择"工具，依据草图拖动矩形中间节点，调整横笔画宽度，不改变横笔画高度；同理，完成所有横笔画绘制。

绘制"集"的四个横笔画时，先绘制好一个横笔画，同时按下<Alt>+<Shift>键，垂直复制三个矩形。如图4-27所示，同时选中四个矩形，在"属性"面板中点击"分布对象-垂直居中分布"，四个横笔画垂直均匀排列；最终效果如图4-28所示。

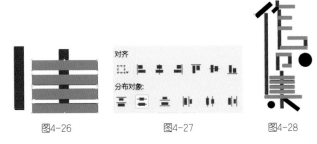

图4-26　　　　　　　　图4-27　　　　　　　　图4-28

（4）绘制"书名"倾斜线

① 如图4-29所示，复制一个竖笔画放置到倾斜线位置，把鼠标放到竖笔画转角处，鼠标指针变成"旋转图标"时，拖动竖笔画旋转到合适位置。设置填充色CMYK值为<75, 5, 100, 0>，描边：无，效果如图4-30所示。

② 选中"选择"工具，依据草图拖动矩形中间节点，调整形状。

③ 使用复制的方法，绘制其他倾斜线；最终效果如图4-31所示。

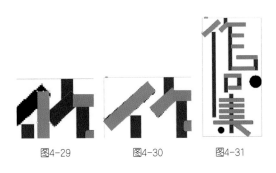

图4-29　　　　　图4-30　　　　　图4-31

（5）绘制圆形

① 选择"椭圆"工具，按下<Shift>键绘制正圆形，放置到合适位置。

② 按下<Shift>键，将其等比例调整到合适大小，保持正圆不变。

③ 同理，绘制小圆；效果如图4-32所示。

（6）调整笔画

所有笔画绘制完成后，利用控制面板上的"尺寸"属性，修改笔画的宽度、高度，保持笔画宽度和高度的统一性。借助"属性-对齐"面板，保证相关笔画对齐。

图4-32

▶ **小贴士：对齐**

元素之间的对齐要借助"属性-对齐"面板，保证相关笔画对齐；注意选择"对齐"前，先确定需要对齐对象属于"选区、关键对象、边距、页面、跨页"中的哪一项，如图4-33所示。

横笔画与竖笔画相交的地方一定要使用"对齐"工具，保证绝对对齐，避免合并图形时出现多余的节点。

图4-33

（7）修整图形

文字设置完成后，放大页面，将文字上的多余节点删除，保证文字轮廓线光滑，如图4-34、图4-35所示。

（8）合并图形

所有笔画设置完成后，点击"选择"工具，框选除圆形之外的所有文本笔画；选择"窗口>对象和版面>路径查找器"命令，在"路径查找器"面板上点击"相加"图标，将选中笔画合并为一个图形。在控制面板中设置填充色CMYK值为<0，100，0，0>，描边：无；效果如图4-36所示。

（9）删除草图

点击"选择"工具，移开绘制好的书名图形。把鼠标放置到草图的"小锁"处，如图4-37，当鼠标变成一个打开的锁时，点击"小锁"，取消草图锁定；选中草图，点击<Delete>键，删除草图。

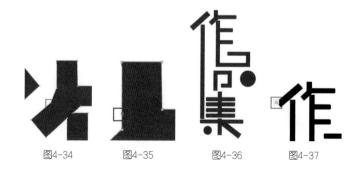

图4-34　　　　图4-35　　　　图4-36　　　　图4-37

（10）存储

完成所有步骤后，选择"文件>存储"命令，保存源文件。

▶ **小贴士：图形节点检查** ▬▬▬▬▬▬▬▬▬▬▬▬▬▬▬▬▬▬▬

　　合并图形后应仔细检查图形相交处是否有多余节点。可使用"直接选择"工具，选中文字图形，按住<Alt>键拖动鼠标滑轮放大画面，仔细检查细节部位是否有多余节点或节点位置错误的情况。

　　有错误节点时，使用"直接选择"工具点击节点；当其他节点为白色、选中节点为黑色的情况下，可以直接拖动或配合键盘上的箭头键调整节点位置。

　　有多余节点时，使用"直接选择"工具选中节点；切换输入法状态为英文状态，按下<->键，鼠标指针变成"删除锚点"工具，点击变成黑色的节点，删除多余节点。

▶ 微课助手 ◀
设计作品集书名

任务4.2.3 绘制封面素材

✏ 任务分析

　　InDesign是一款功能非常强大的书籍排版软件，但没有Illustrator的图形绘制功能强大；较为复杂的图形设计一般使用Illustrator软件完成。

　　通过本任务的学习，掌握Illustrator软件中单个图形元素、图形扩展、图形组合等操作技能，完成封面素材绘制。

✏ 任务实施

（1）绘制单个图形元素

　　① 创建新文档。打开Illustrator，选择"文件 > 新建"命令，或者同时按下<Ctrl>+<N>组合键，在"更多设置"对话框中设置如图4-38所示。名称：封面图形，画板数量：2，横向排列，间距：8mm，列数：2，大小：A4，单位：毫米，宽度：297mm，高度：210mm，取向：横向；在"高级"中设置颜色模式：CMYK，栅格效果：高（300ppi），点击"创建文档"。效果如图4-39所示。

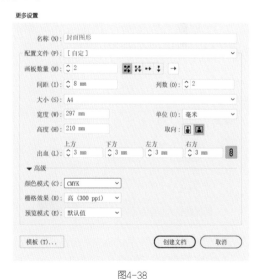

图4-38

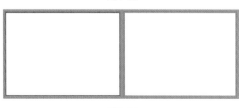

图4-39

② 绘制三角形。点开"矩形"工具右下角三角形隐藏图标，选择"多边形"工具；在画面空白处点击，如图4-40所示，在弹出的"多边形"对话框中设置半径：30mm，边数：3，点击"确定"，按住<Shift>键，绘制一个正三角形。

③ 打开"色板"面板，在面板右上角下拉菜单中选择"新建色板"，如图4-41所示，在"新建色板"对话框中设置CMYK值为<0，20，0，0>，新建一个"粉红"色板。

④ 选择正三角形，如图4-42所示，在控制面板设置填充色CMYK值为<0，20，0，0>，描边：无，绘制"粉红正三角形"；效果如图4-43所示。

⑤ 绘制自由曲线。选择"铅笔"工具，在控制面板上设置填充色：无，描边：黑色，描边：2pt，在正三角形上方绘制多条相似的自由曲线；效果如图4-44所示。

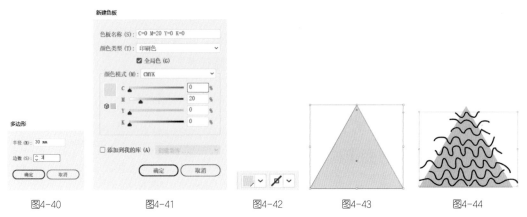

| 图4-40 | 图4-41 | 图4-42 | 图4-43 | 图4-44 |

⑥ 用"选择"工具框选所有曲线，同时按下<Ctrl>+<G>组合键，将所有曲线"编组"；如图4-45、图4-46所示，选择"对象>扩展"命令，将线条转化为图形；效果如图4-47所示。

⑦ 选择"粉红正三角形"，点击右键，选择"排列>置于顶层"，或者同时按下<Shift>+<Ctrl>+<]>组合键，调整图层顺序，将"粉红正三角形"置于顶层；效果如图4-48所示。

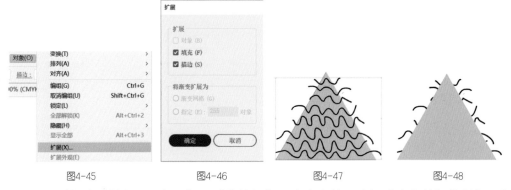

| 图4-45 | 图4-46 | 图4-47 | 图4-48 |

⑧ 同时框选"粉红正三角形"和"曲线组"，点击右键，选择"建立剪切蒙版"，得到"曲线三角形"；效果如图4-49所示。

⑨ 选择"曲线三角形"，如图4-50所示，在控制面板设置填充色CMYK值为<0，20，0，0>，描边：无，得到"粉红三角形"；效果如图4-51所示。

⑩ 双击"粉红三角形"，进入"剪切组" ◁ ❖ 图层 1 ◨ <剪切组>，选中所有"自由曲线"，效果如图4-52所示；在控制面板设置填充色：白色，描边：无；双击画板空白处，退

出隔离模式；效果如图4-53所示。

图4-49   图4-50   图4-51   图4-52   图4-53

▶ **小贴士：隔离模式**

在Illustrator中，如果需要修改群组或剪切蒙版中的图形，可以双击图形，进入"隔离模式"进行修改。完成后，双击画板空白处，或点击左上角图标"后移一级"，退出"隔离模式"。

（2）绘制"水平条形三角形"

① 打开"色板"面板，在面板右上角下拉菜单中选择"新建色板"，在"新建色板"对话框中设置CMYK值为<20，0，20，0>，新建一个"粉绿"色板。

② 绘制"粉绿正三角形"。绘制一个正三角形，在控制面板中，设置如图4-54所示，填充色：CMYK<20，0，20，0>，描边：无。

③ 用矩形工具在"粉绿正三角形"上方绘制一个矩形，在控制面板设置填充色：黑色，描边：无。按住<Alt>+<Shift>复合键，垂直复制多个间距不等的矩形，放置到合适位置；效果如图4-55所示。

④ 框选所有矩形，点击右键，选择"编组"；选择正三角形，点击右键，选择"排列>置于顶层"；效果如图4-56所示。

⑤ 同时框选"粉绿正三角形"和"矩形组"，点击右键，选择"剪切蒙版"，得到"矩形三角形"；效果如图4-57所示。

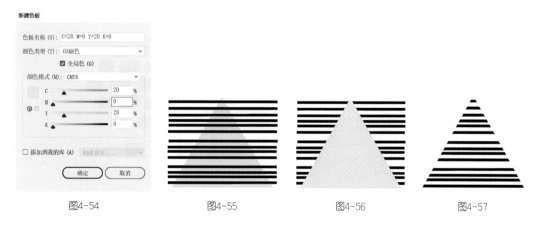

图4-54   图4-55   图4-56   图4-57

⑥ 如图4-58所示，选择"粉绿正三角形"，设置填充色：CMYK<20，0，20，0>，描边：无。如图4-59所示，双击"粉绿正三角形"，进入剪切组，点击选中矩形组，在控制面板设置填充色：白色，描边：无。这样就绘制出了一个"水平条形三角形"。双击画板空白处，退出隔离模式；效果如图4-60所示。

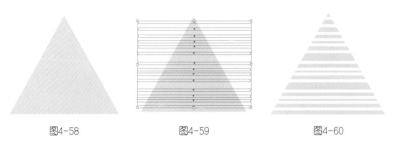

图4-58 图4-59 图4-60

（3）绘制"垂直条形三角形"

① 按住<Alt>键，拖动复制一个"水平条形三角形"。双击复制的三角形，进入剪切组；如图4-61所示，点击选中矩形组，在"属性-变换"面板上设置旋转：90°。调整一下矩形之间的间距，使其和"水平条形三角形"有所区别。

② 用"直接选择"工具，只选择"三角形"，在控制面板中，设置如图4-64所示，填充色：CMYK<0，0，0，100>，描边：无；效果如图4-62所示。

③ 复制多个"垂直条形三角形"，分别设置填充色为黑色、粉色等，如图4-63所示。

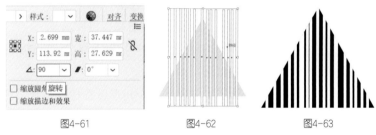

图4-61 图4-62 图4-63

（4）绘制线状、点状图形

① 选择"画笔"工具，在控制面板设置填充色：无，描边：黑色。点击"描边"，如图4-64所示，在打开的"描边"面板设置描边粗细：1pt，端点：圆头。按住<Shift>键，用"画笔"工具绘制出参差错落的直线图形，如图4-65所示。

② 选择"画笔"工具，设置描边粗细为1.5pt，直接绘制出自由的点状图形，如图4-66所示。

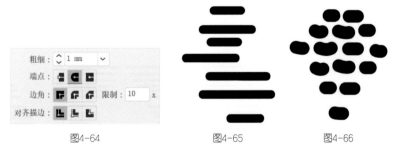

图4-64 图4-65 图4-66

（5）描边扩展

由于"画笔"工具画出的图形是以描边属性出现的，为避免后期调整"图形"大小时出现变形，需要扩展将其变为图形。

选中线状、点状图形（图4-67），选择"对象>扩展外观"命令（图4-68），在"扩展外观"对话框中点击"确定"，将描边扩展为图形。

通过图4-67和图4-69的对比，可以看到，扩展前的图形是一条条描边，扩展后的图形是一个个封闭图形。

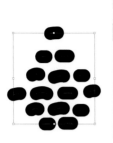
图4-67

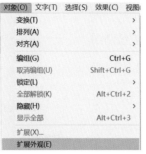
图4-68

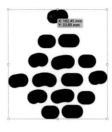
图4-69

▶ 微课助手
用AI绘制封面素材

> **小贴士：扩展外观**

图形缩放时，由于图形描边宽度不会随图形等比例缩放，描边与图形之间的比例关系会改变，图形视觉效果也会发生变化。描边扩展外观后，变成了一个封闭图形；当图形缩放时，描边会随图形一起等比例缩放，描边与图形之间的比例关系不会改变，图形视觉效果也不会发生变化。

当图形以描边状态呈现，又要调整图形尺寸时，需要先将图形进行扩展外观。

（6）绘制封面图形

根据设计需要，在第二个页面上将绘制好的图形多次复制，调整图形方向、大小、色彩，体现出一种自由多变的设计风格；把图形铺满整个页面，效果如图4-70所示。

（7）存储

选择"文件>存储"命令，保存"封面图形"AI文件。

图4-70

任务4.2.4 设计作品集封面

✏ **任务分析**

通过本任务的学习，掌握封面设计规范的同时，熟练掌握曲线图形的绘制、AI文件的置入和调整、投影图形的制作、曲线文本的制作、背景图形的绘制、书脊的设置等操作技能，完成作品集封面设计。

✒ **任务实施**

（1）绘制"封面图形轮廓线"

① 打开已完成的设计作品集ID文件，选择"钢笔"工具，在控制面板设置填充色：无，描边：黑色，宽度：2点，绘制一个曲线图形（可根据喜好自由绘制图形）。

② 绘制完成后，在控制面板设置填充色为黑色，色调10%，描边：无；效果如图4-71所示。

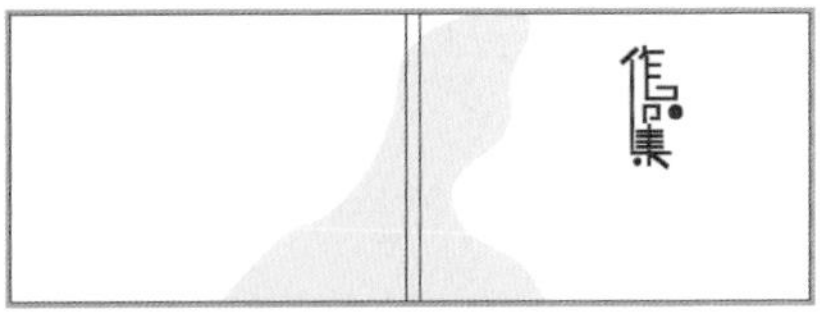

③ 图形绘制过程中不满意的地方，使用"直接选择"工具，点击节点调整。注意图形应绘制到裁切线外，以免裁切时出现误差。

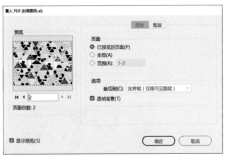

图4-71

（2）置入"AI图形"

① 用"选择"工具选中"封面图形"AI文件，选择"文件>置入"命令，或者同时按下<Ctrl>+<D>组合键，在"置入"对话框中，设置如图4-72所示，选择绘制好的"封面图形"AI文件，勾选"显示导入选项"，点击"打开"。

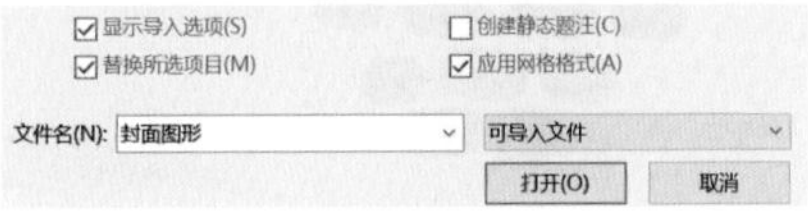

图4-72

② 如图4-73所示，在"置入PDF"对话框中，通过"预览"，在"页面总数"中选择需要的页数：2，点击"确定"，置入图形，效果如图4-74所示。

图4-73

图4-74

▶ **小贴士：调整图形**

当封面图形有问题时，可依据情况选择恰当的方法调整。

① 调整外轮廓的方法：使用"直接选择"工具点击节点，在选中节点为黑色的情况下，直接拖动节点或配合键盘上的箭头键调整节点位置。

② 调整填充图形位置、大小的方法：双击曲线形，当图形四周出现红色矩形时，拖动红色矩形框可改变图形的位置和大小。

③ 调整图形元素的方法：选择曲线图形，点击右键，选择"编辑原稿"，进入Illustrator软件中调整图形，完成后点击"保存"，ID文件中的图形会同步修改。如果不需要修改，就按下<Ctrl>+<Z>键，恢复原有图形。

（3）绘制"封面投影图形"

① 如图4-75所示，用"选择"工具选中"封面图形"，按下<Alt>键，拖动复制一个"封面图形"。双击复制的"封面图形"，选中内部填充的几何图形，点击<Delete>键，删除填充图形；在控制面板设置填充色为黑色，色调25%，将其作为"投影图形"；效果如图4-76所示。

② 用"选择"工具选中"封面图形",点击右键,选择"排列>置于底层",调整图层顺序,将"封面图形"置于顶部;效果如图4-77所示。同时选中"投影图形"和"封面图形",点击右键,选择"锁定","锁定"两个图层。

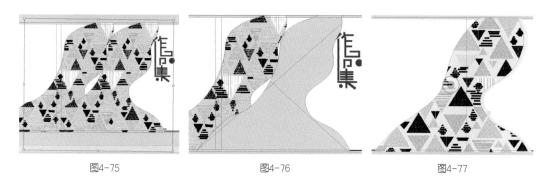

图4-75　　　　　　　　图4-76　　　　　　　　图4-77

（4）制作"封面曲线文本"

① 用"钢笔"工具绘制一条与曲线平行、用于放置文本的线段,在控制面板设置填充色:无,描边:黑色,宽度:1点;效果如图4-78所示。

② 在"文本"工具上点击右键,选择"路径文字"工具,如图4-79所示,把鼠标放在刚绘制的曲线段上,出现"路径文字"工具 符号时,单击鼠标,输入文本:济源职业技术学院 视觉传达设计专业 王妙可个人设计作品集。

③ 如图4-80所示,在控制面板设置文本:思源黑体CN（Normal）,大小:10点,基线偏移:-15点,如图4-81所示,文本填充色:CMYK<0,100,0,0>,描边:无;效果如图4-82所示。

图4-78　　　　　图4-79　　　　　　　图4-80　　　　　　图4-81

④ 用"选择"工具选中曲线段,在控制面板设置描边:无;效果如图4-83所示。

⑤ 同理,设置封底路径文本:感谢指导教师＊＊＊及所有给予帮助的人;效果如图4-84所示。

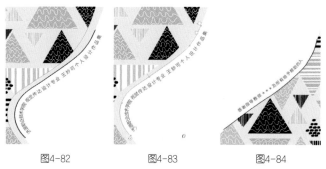

图4-82　　　　　　图4-83　　　　　　图4-84

在设计过程中，路径文字出现以下问题可以随时调整。

当路径形状不合理时，用"直接选择"工具调整曲线节点。当路径文字位置不合适时，用"直接选择"工具选中曲线文本，拖动两端的符号 、 可以调整位置；拖动中间符号 ，可以设置文本是放置在曲线的上方还是下方。

（5）置入"背景图形"

① 选择"文件>置入"，或者同时按下<Ctrl>+<D>组合键，选择素材中的"背景图形"，置入InDesign中，在控制面板上设置W：598毫米，H：210毫米。

② 如图4-85所示，"对齐"面板的"对齐"选项中，勾选"对齐跨页"，点击"垂直居中对齐""水平居中对齐"，将背景图形放置在封面正中间。

③ 用"选择"工具选中"背景图形"，同时按下<Ctrl>+<Shift>+<[>组合键，调整图层顺序，将其置于底层；按下<Ctrl>+<L>键，锁定"背景图形"；效果如图4-86所示。

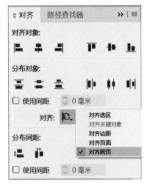

图4-85

图4-86

（6）绘制其他图形文本

① 制作书脊。绘制一个矩形，在控制面板上设置W：10毫米，H：210毫米，在"色板"面板设置填充色：CMYK<0，100，0，0>，描边：无。

② 在"对齐"面板中，勾选"对齐跨页"，点击"垂直居中对齐""水平居中对齐"，将书脊放置在跨页正中间；按下<Ctrl>+<L>键，锁定"书脊"图形。

③ 根据设计草图，输入封面其他文本，调整至合适位置、大小、方向、色彩，完成设置；效果如图4-87所示。

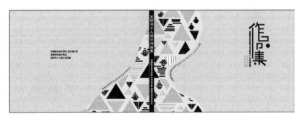

图4-87

印刷时使用的黑色，一般选择"黑色" ■ [黑色]，不要选择"黑色套版色" ■ [套版色]。

黑色是指单色黑，CMYK值中K=100，使用此色，印刷时不会出现糊色的问题。

黑色套版色的CMYK值为：C=100、M=100、Y=100、K=100。套版色一般只用来做裁剪线和折印线，表明此处裁剪和弯折，通常在3mm出血线以外，因为印刷时裁切线四种版都要印出来，起对齐四色版的作用，也就是套版。

（7）绘制背景倾斜图形

氛围调整是设计的最后阶段，要依据作品主题、设计风格对设计元素、色彩、排版等进行调整。为丰富画面层次，使其具有一定动感，所以在封面"背景图形"上绘制一层倾斜图形。

① 使用"直线"工具和"椭圆"工具绘制一组"倾斜图形"，设置描边的大小、颜色后编组；拖动"倾斜图形"四角节点，旋转到合适角度。

② 复制多条"倾斜图形"，放置到合适位置。

③ 分别选中倾斜图形，按下<Ctrl>+<Shift>+<G>组合键，"取消编组"，分别调整直线的长短，使其具有一定变化；所有线的倾斜度不变。

④ 调整完成后，将所有倾斜线框选后按下<Ctrl>+<G>"编组"。

封面设计完成，效果如图4-88所示。

图4-88

（8）打包

① 选择"文件>打包"命令，在"打包"对话框中可以看到如图4-89所示的界面，"小结"提示：字体为0缺失、0嵌入、0款字体受到保护，链接和图像为0修改、0缺失、0嵌入、0无法访问。重点检查"字体、链接和图像"两项，确定没有问题后，点击"打包"。在"存储"提示对话框中，点击"存储"。

② 如图4-90所示，在"存储为"对话框中，点击"保存"。如图4-91所示，在"打包出版物"对话框中，选择合适的文件夹，点击"打开"。

图4-89

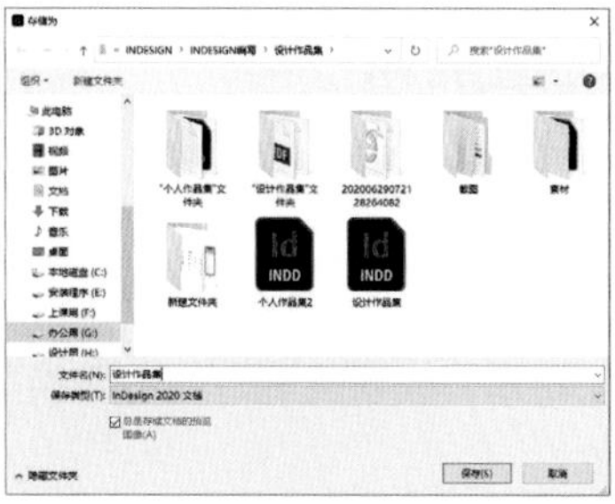

图4-90

图4-91

③ 在"警告"对话框中点击"确定"（图4-92）。

④ 如图4-93所示，完成"打包"后，在存储的"打包"文件夹中，如图4-94所示，可以看到5个文件：Document fonts、Links、源文件、PDF文件。

"Document fonts"文件夹：里面包含的是设计中用到的英文字体，中文字体需要设计师手动复制到"字体"文件夹中。

"Links"文件夹：里面是设计中的链接图片，包含置入的AI文件。

源文件：是InDesign特有的文件格式，便于后期修改的第一个是低版本源文件，第二个是当前软件版本源文件。

PDF文件：便于客户审阅，可用于印刷。

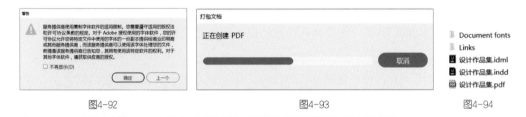

图4-92   图4-93   图4-94

▶ **小贴士：打包**

  "打包"是将InDesign设计文件中用到的图片、字体、源文件、PDF文件等打包到一个文件中保存，当设计文件的保存位置被改变时，仍然可以顺利打开文件。

  "打包"是InDesign文档特有的保存方式。InDesign文档中的图片是以链接的形式出现的，这样可以保证文件运行时，主机运行速度加快，不容易造成电脑死机，提高设计效率。

  当InDesign设计文件中有链接的图片时，必须"打包"存储，否则当文件更改保存位置时，文件中的图片会找不到链接。

  后期，在修改完设计作品后，如果文件夹不移动位置，直接点击"保存"即可；如果移动文件夹位置，则需要将整个文件夹拷贝移动。

▶ 微课助手 ◀
绘制作品集封面

模块4.3　绘制作品集扉页

◈ **教学目标**

1. 熟悉版式设计常用方案。

2. 掌握版式设计的模块制作、模块复制、内容替换等操作技能。

3. 具备一定的创造思维。

任务4.3.1 绘制"个人简介"页面

任务分析

通过本任务的学习，掌握设置图形适合框架、将文本转换为表、设置文本与表格、制作个性化文本、对齐文本、设置段落文本等操作技能，完成"个人简介"页面绘制。

任务实施

（1）设置图形适合框架

① 打开"设计作品集"源文件，选择"矩形框架"工具，按下<Shift>键，绘制一个正方形，在控制面板设置W：45毫米，H：45毫米。

② 选择"文件>置入"命令，或按下<Ctrl>+<D>组合键，置入一张个人图片，如图4-95所示。点击鼠标右键，如图4-96所示，选择"适合>按比例填充框架"；效果如图4-97所示。

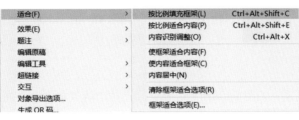

图4-95　　　　　　　　　　　　　图4-96　　　　　　　　　　　　　图4-97

（2）将文本转换为表

① 如图4-98所示，在文本框中输入"姓名"等文本，在文本的行与行之间，单击<Enter>键换行，在每个"："之前和之后分别单击<Tab>键，插入制表符，效果如图4-99所示。

② 用"文本"工具框选所有文本，选择"表>将文本转换为表"命令，在弹出的"将文本转换为表"对话框中点击"确定"，如图4-100所示，将文本转化为表格。

图4-98　　　　　　　　　　图4-99　　　　　　　　　　图4-100

> ▶ **小贴士：文本转换为表**
>
> 　　由于中文与阿拉伯数字的字符大小不一样，不能使用"对齐"工具精准对齐。将文本转换为表，利用表格对齐文本，是"中英文"同时出现的文本常用的对齐方法。

（3）设置文本与表格

① 设置文本样式。用"文本"工具选中"姓名"一列文本（图4-101），如图4-102所示，在控制面板设置字符：思源黑体CN（Regular），大小：12点，如图4-103所示，段落文本样式：强制双齐，表格文本样式：居中对齐；效果如图4-104所示。

图4-101　　　　图4-102　　　　　　　图4-103　　　　　　　图4-104

② 如图4-105所示，用"文本"工具选中"王妙可"一列文本，在控制面板设置字符：思源黑体CN（Regular），大小：12点，如图4-106所示，段落文本样式：左对齐，表格文本样式：居中对齐；效果如图4-107所示。

图4-105　　　　　　　图4-106　　　　　　　图4-107

③ 设置文本高度。如图4-108所示，从标尺上拉出两条水平参考线，作为表格文本的参考线。如图4-109所示，用"文本"工具，双击表格列线，拖动表格右下角，调整表格高度，使文本与左边图形等高。

图4-108　　　　　　　　　　图4-109

④ 取消表格描边。如图4-110所示，在控制面板中设置表选项，选中表格"描边"所有框线，使其显示为蓝色；在左边设置填充色：无，描边：无；取消表格边框线；效果如图4-111所示。

图4-110　　　　　　　　　　图4-111

⑤ 设置段落样式。用"文本"工具选中"姓名"一列文本，选择"文字>段落样式"命令，打开"段落样式"面板，点击面板右上角隐藏图标，选择"新建段落样式"。在"新建段落样式"对话框中，点击"常规"，设置样式名称：个人简介表格标题，其他选择项

默认，点击"确定"，如图4-112所示。再次选中"姓名"一列文本，点击应用段落样式"个人简介表格标题"。

⑥ 用"文本"工具选中"王妙可"一列文本，再次点击"新建段落样式"，如图4-113所示，在"新建段落样式"对话框"常规"中设置样式名称：个人简介表格正文，点击"字符颜色"，设置字体颜色为黑色，色调：70%；效果如图4-114所示。再次选中"王妙可"一列文本，点击应用段落样式"个人简介表格正文"。

图4-112　　　　　　　　　　　图4-113　　　　　　　　　　　图4-114

> ▶ 小贴士：段落样式
>
> 　　设置段落样式的目的是与后期制作的同类级别文本的设置保持一致。
>
> 　　段落样式设置完成后，需选中文本，再次点击段落样式，以确定应用了该段落样式。
>
> 　　后期修改段落样式时，应用了该段落样式的所有文本会一起修改，保证修改的一致性，并提高修改效率。

（4）制作"ABOUT"文本

① 用"文本"工具拉出一个文本框，输入英文"ABOUT"。如图4-115所示，在控制面板中设置字体：思源黑体 CN（Heavy），大小：72点，字符间距：0（图4-116）；效果如图4-117所示。

图4-115　　　　　　　　　　　图4-116　　　　　　　　　　　图4-117

② 选择"文字>创建轮廓"命令，或按下<Ctrl>+<Shift>+<O>组合键，把文本转化为图形。文本转化为图形后，可以和图形一样进行编辑；文字四周没有框架，与图形对齐时就不会有误差，如图4-118所示。

③ 如图4-119所示，选择"颜色主题"工具 ✍，在封面书名的绿色圆形上点选吸取色彩，再点击文本"ABOUT"，得到与封面相一致的色彩，与封面设计色彩产生呼应；效果如图4-120所示。

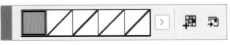

图4-118　　　　　　　　　　　图4-119　　　　　　　　　　　图4-120

（5）制作"ME"文本

① 选择"文本"工具拉出一个文本框，输入英文"ME"。如图4-121、图4-122所示，在控制面板中设置字体：思源黑体 CN（Heavy），大小：180点，字符间距：0。

图4-121 图4-122

② 选择"文字>创建轮廓"命令，或按下 <Ctrl>+<Shift>+<O>组合键，把文本转化为图形（图4-123）。

③ 选择"颜色主题"工具 ✍，把"ME"设置成与"ABOUT"相同的色彩（图4-124）。

图4-123 图4-124

（6）对齐文本

① 使用"选择"工具，分别选中"ABOUT"和"ME"，在控制面板上设置宽度数值相同，高度为20毫米，使其在宽度、高度上保持统一；效果如图4-125、图4-126所示。

② 从标尺上拉出一条垂直参考线，可以看到字母"M"和字母"E"之间间距较大，且字母"E"与"姓名"一栏文本没有对齐。使用"直接选择"工具，分别选中字母"E"左右两侧的节点调整宽度，使字母"E"与"姓名"一栏文本对齐。

③ 同时选中"个人图片"图形、"姓名"文本，在"属性-对齐"面板上勾选"对齐选区"，选择"顶对齐"；点击鼠标右键，选择"编组"。

④ 同时选中"个人图片"组、"ABOUT"文字和"ME"文字，如图4-127所示，在"对齐"面板上勾选"对齐边距"，选择"左对齐"。

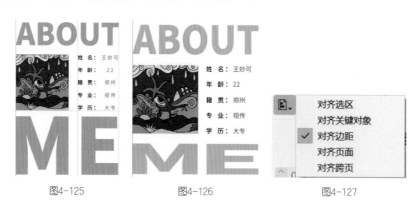

图4-125 图4-126 图4-127

（7）设置段落文本

① 选择"文件>置入"，在"置入"对话框中，如图4-128所示，勾选"显示导入选项"，取消"应用网格格式"选项，选择"个人简介"素材Word文档，点击"打开"。

② 在"导入选项"对话框中，如图4-129所示，勾选"格式"下的"移去文本和表的样式和格式"，点击"确定"，置入"个人简介"素材Word文档。

图4-128　　　　　　　　　　　　　　　　　图4-129

③ 选中"文本"工具，把鼠标放在"个人简介"文本框内，按下<Ctrl>+<A>组合键，选中所有文本。如图4-130所示，在控制面板中设置字体：思源黑体CN（Regular），大小：12点，行距：18点，如图4-131所示，在字体颜色中设置填充色：黑色，色调：60%，描边：无。

图4-130　　　　　　　　　　　图4-131

④ 设置段落样式。用"选择"工具选中"个人简介"文本，选择"文字>段落样式"命令，打开"段落样式"面板，点击面板右上角隐藏图标，选择"新建段落样式"。在"新建段落样式"对话框中，点击"常规"，如图4-132所示，设置样式名称：个人简介正文，其他选择项不修改，点击"确定"；再次选中"个人简介"文本，点击"段落"样式应用。

⑤ 调整文本。将"个人简介"段落文本放置在姓名文本与内边距之间。如图4-133所示，在"属性-段落"面板中设置文本左缩进：10毫米；效果如图4-134所示。

调整文本行距使其与左边图形的高度保持一致，完成"个人简介"页面制作，最终效果如图4-135所示。

图4-132　　　　　　图4-133　　　　　　图4-134　　　　　　图4-135

▶ 小贴士：Word文档的置入

　　在Word文档中，有一些格式的设置是隐藏的，直接把Word文档置入InDesign中，会影响后期的文本格式设置；在置入文档时，需要先把Word文档的所有格式去掉。

> ▶ **小贴士：复制文本规范**

　　一般情况下，Word文档中的文字可以直接复制到InDesign中。

　　但由于Word文档中有时有一些隐藏设置会与InDesign文档设置有冲突，直接从Word文档中复制粘贴会造成后期设置文本格式时无法操作，有时还容易导致电脑死机。

　　建议先把Word文档中的文本复制粘贴到"记事本"中，将Word文档中的一些隐藏格式去掉，再复制粘贴到InDesign文档中。特别是在设计一些比较大的项目时或Word文档设置比较复杂时，更应注意操作规范，以免造成不必要的损失。

▶ 微课助手 ◀
绘制"个人简介"
页面

任务4.3.2　绘制"个人资料"页面

✏️ **任务分析**

　　通过本任务的学习，掌握制作"基本资料"模块、"其他资料"模块、"代表作品"模块和模块排版等操作技能，完成"个人资料"页面绘制。

✏️ **任务实施**

（1）制作"基本资料"模块

① 绘制标题矩形背景。打开"设计作品集"源文件，用"矩形"工具绘制宽窄两个矩形，如图4-136、图4-137所示，在控制面板上分别设置W：1.5毫米、H：7毫米，W：67毫米、H：7毫米；效果如图4-138所示。

图4-136　　　　图4-137　　　　　　　　　　　　　　图4-138

② 如图4-139所示，在控制面板上设置宽矩形填充色为黑色，色调：80%，描边：无。

③ 设置颜色色板。选择封面的绿色圆形，打开"色板"面板，点击右上角隐藏图标，选择"新建颜色色板"，在"新建颜色色板"对话框中，设置如图4-140所示，色板名称：封面绿色圆形，CMYK＜50，0，38，0＞。设置好的"色板"面板如图4-141所示。

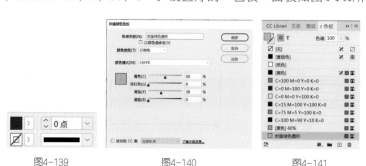

图4-139　　　　　　　　图4-140　　　　　　　　图4-141

④ 选中窄矩形，点击色板上的"封面绿色圆形"色块，把窄矩形设置成和封面圆形一样的颜色；效果如图4-142所示。

图4-142

⑤ 选择"文本"工具，输入"基本资料"，在控制面板设置字符如图4-143、图4-144所示，思源黑体CN（Medium），大小：12点，字符间距：0；在字体颜色中设置填充色：白色，描边：无；效果如图4-145所示。

图4-143　　　　　　　　图4-144　　　　　　　　图4-145

⑥ 选中"基本资料"文本，点击右键，选择"适合>使框架适合内容"，使文本紧贴框架，便于后期与其他设计元素的对齐。如图4-146所示，在"段落样式"面板中，将其设置为"个人资料标题"样式。

⑦ 同时选中两个矩形和"基本资料"文本，在"对齐"面板上，如图4-147所示勾选"对齐选区"，选择"垂直居中对齐" ，对齐三个设计元素。

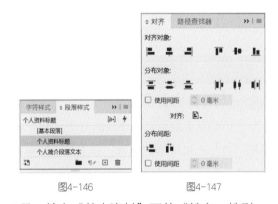

图4-146　　　　　　　　图4-147

⑧ 选择"文本"工具，输入"基本资料"下的"姓名、性别……"文本，如图4-148所示。采用和"个人简介"页面中"文本转换表格"相同的方法，在"："前、后分别插入<Tab>键，如图4-149所示。选择"表>将文本转换为表"命令；效果如图4-150所示。

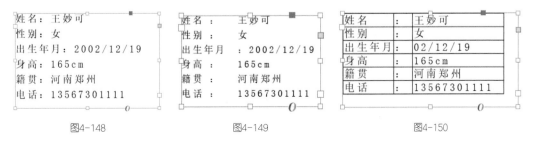

图4-148　　　　　　　　图4-149　　　　　　　　图4-150

⑨ 用"文本"工具框选"姓名"一列文本，点击"段落样式"面板中的"个人简介表格标题"样式，应用样式，如图4-151所示。框选"王妙可"一列文本，点击"段落样式"中的"个人简介表格正文"样式，应用样式，如图4-152所示。

⑩ 用"文本"工具，拖动表格边框、行线、列线，将表格大小、高度、宽度调整到合适位置，效果如图4-153所示。

姓　　名：	王妙可
性　　别：	女
出生年月：	02/12/19
身　　高：	165cm
籍　　贯：	河南郑州
电　　话：	13567301111

图4-151

姓　　名：	王妙可
性　　别：	女
出生年月：	02/12/19
身　　高：	165cm
籍　　贯：	河南郑州
电　　话：	13567301111

图4-152

图4-153

⑪ 取消表格描边。如图4-154所示，用"文本"工具选中表格所有文本；在控制面板中设置表选项，选中表格"描边"所有框线，使其显示为蓝色，如图4-155所示；在左边设置填充色：无，描边：无。

⑫ 同时选中"基本资料组""姓名"文本，在"对齐"面板上勾选"对齐选区"，选择"左对齐"；效果如图4-156所示。

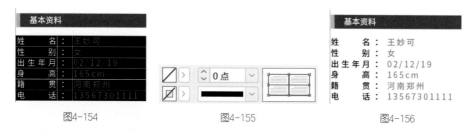

图4-154　　　　　　　　　图4-155

基本资料	
姓　　名：	王妙可
性　　别：	女
出生年月：	02/12/19
身　　高：	165cm
籍　　贯：	河南郑州
电　　话：	13567301111

图4-156

▶ 小贴士：模板的应用

　　为保证画面效果的同一性，同一作品中，同一类型的内容经常使用重复的版式。书籍、画册中的篇扉页、章节标题等多采用制作模板的方法。

　　一般先做好一个模板，再修改模板中的元素；修改时不改变模板基本形，只更改模板中的元素的内容、色彩等，这样既保证了统一性，又节省了时间。

　　制作模板必须严谨，一旦模板出现问题，再制作的图形就都要进行修改。

（2）制作"其他资料"模块

① 按下<Shift>+<Alt>组合键的同时，水平拖动复制1个"基本资料"模块，放置到合适位置。

② 替换文本。用"其他资料"文本替换"基本资料"文本，如图4-157所示，表格中的红点表示：表格宽度不够，有文本隐藏现象。

③ 用"文本"工具，拖动表格边框到合适位置，全部显示文本，如图4-158所示。

④ 取消表格描边。在控制面板中设置表选项，选中表格"描边"所有框线，使其显示

为蓝色；在左边设置填充色：无，描边：无；效果如图4-159所示。

专　　业	：视觉传达设计
学　　历	大专
毕业院校	济源职业技术学院
培养方式	全日制在读
政治面貌	群众
邮　　箱	：

图4-157

专　　业	：视觉传达设计
学　　历	大专
毕业院校	济源职业技术学院
培养方式	全日制在读
政治面貌	群众
邮　　箱	：3287689421@qq.com

图4-158

专　　业	：视觉传达设计
学　　历	大专
毕业院校	济源职业技术学院
培养方式	全日制在读
政治面貌	群众
邮　　箱	：3287689421@qq.com

图4-159

（3）制作"教育背景"模块

① 按下<Shift>+<Alt>组合键的同时，垂直拖动复制1个"基本资料"模块，放置到合适位置。

② 替换文本：用"教育背景"文本替换"基本资料"文本。用"文本"工具框选"教育背景"正文文本，点击"段落样式"面板中的"个人简介正文"样式，应用段落样式。"教育背景"模块制作完成，效果如图4-160所示。

教育背景

济源职业技术学院 视觉传达设计专业
主修课程：广告设计、UI 设计、淘宝美工、包装装潢设计、企业形象设计、展示设计、网页设计、插画创作等。

图4-160

（4）制作"代表作品"模块

① 按下<Shift>+<Alt>组合键的同时，垂直拖动复制1个"教育背景"模块；用"代表作品"文本替换"教育背景"文本，如图4-161所示。

② 绘制黑色箭头。双击"多边形"工具，在"多边形设置"对话框中设置如图4-162所示，边数：3。绘制一个三角形，在控制面板取消"约束宽度和高度的比例设置宽度"，如图4-163、图4-164所示，设置W：7毫米，H：5毫米，旋转角度：-90°，单击<Enter>键确定，将三角形与矩形水平对齐，"相接"放置。

③ 同时选中三角形与矩形，选择"窗口>对象和版面>路径查找器"命令，或按下<Shift>+<F7>组合键，在"路径查找器"面板上点击"相加"图标，将其合并为一个图形；效果如图4-165所示。

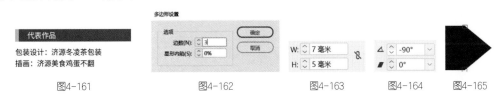

图4-161　　　　图4-162　　　　图4-163　　图4-164　　图4-165

④ 绘制双线箭头：选择"矩形"工具绘制一个矩形，设置填充色为"封面绿色圆形"，如图4-166所示。使用"直接选择"工具，同时选中"矩形"上方的两个节点，拖动到与三角形平行位置，绘制一个与三角箭头平行的"平行四边形"，如图4-167所示。

⑤ 按下<Ctrl>+<C>组合键，把"平行四边形"复制到粘贴板，选择"编辑>原位粘贴"命令，原位复制1个"平行四边形"。点击控制面板上的"垂直翻转"，将复制的"平

行四边形"做镜像变化,如图4-168所示。

⑥ 同时选中两个"平行四边形",点击"路径查找器"面板的"相加",合并图形;点击控制面板上的"水平翻转""垂直翻转",移动到合适位置;效果如图4-169所示。

⑦ 同时选中两个箭头,勾选"对齐"面板上的"对齐关键对象",点击"黑色箭头",选择"居中对齐"。将绿色双线箭头的填充色设置为黑色;效果如图4-170所示。

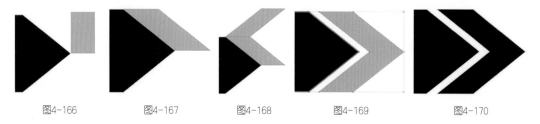

图4-166   图4-167   图4-168   图4-169   图4-170

⑧ 如图4-171、图4-172所示,用"文本"工具选中"插画"文本,在控制面板设置网格制定格数:4;效果如图4-173所示。

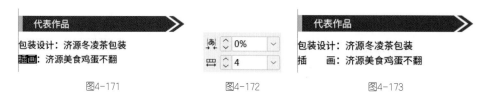

图4-171   图4-172   图4-173

(5)制作"社会实践"模块

按住<Shift>+<Alt>组合键,水平拖动复制1个"代表作品"模块,用"社会实践"文本替换"代表作品"文本;效果如图4-174所示。

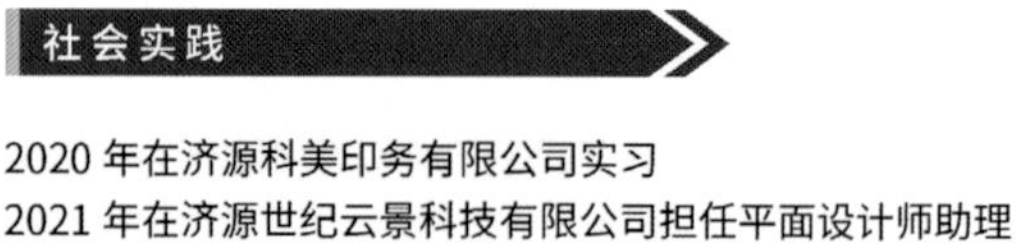

图4-174

(6)模块排版

所有模块制作完成后,分别选中每个模块进行编组。在"对齐"面板中,依据设计需要对齐各个模块,所有元素有序放置在正文版心内。

(7)设置其他文本

① 用文本工具,输入中文"个人资料",在控制面板设置字符:思源黑体(Medium),大小:18点,字符间距:0;填充色:CMYK<0,100,0,0>,描边:无。

② 用文本工具,输入英本"MY PROFILE",在控制面板设置字符:思源黑体(Medium),大小:14点,字符间距:0;填充色:黑色,色调:60%,描边:无。

③ 在"段落样式"面板中,将"个人资料"文本设置为"个人资料一级标题中文"样式。将"MY PROFILE"设置为"个人资料一级标题英文"样式。双击"个人资料标题"段落样式,重命名为"个人资料二级标题",如图4-175所示。

图4-175

最终效果如图4-176所示。

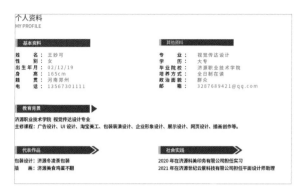

图4-176

▶ 小贴士：对齐、编组的应用

在版式设计中，"对齐""编组"的使用频率非常高。对齐是版式设计的一个基本原则，多个文本框、图形之间"对齐"前，要先"编组"，使其成为一个整体。

▶ 微课助手 ◀
绘制"个人资料"
页面

任务4.3.3 绘制"技能掌握"页面

任务分析

通过本任务的学习，掌握制作图标模板、一排图标、"爱好兴趣"模块等操作技能，完成"技能掌握"页面绘制。

任务实施

（1）制作一个图标模板

① 打开"设计作品集"源文件，把需要的文本素材全部复制到页面。剪切"技能掌握的中英文文本"到一个文本框，选中"技能掌握"中文，打开"段落样式"面板，点击"个人资料一级标题中文标题"样式；选中"技能掌握"英文，点击"个人资料一级标题英文标题"样式，设置字体颜色，完成"技能掌握"标题的制作。

② 选择"椭圆"工具，按下<Shift>键绘制一个正圆形，设置填充色：CMYK<100，90，10，0>，描边：无。按下<Ctrl>+<C>组合键复制到粘贴板，选择"编辑>原位粘贴"命令，或同时按下<Alt>+<E>+<I>组合键，在原位再复制一个圆形。

③ 用"矩形"工具在圆形上方绘制一个矩形，设置填充色为"封面绿色圆形"；将圆形填充色设置为CMYK<100，90，10，0>，描边：无；效果如图4-177所示。

④ 同时选中绿色矩形和蓝色圆形，在"路径查找器"面板上，点击

图4-177

"减去" 图标，减去顶层图形，得到一个半圆形。

⑤ 选中下方正圆形，如图4-178所示，设置填充色为黑色，描边为黑色，粗细：5点。同时选中两个图形，按下<Ctrl>+<G>组合键"编组"；效果如图4-179所示。

⑥ 选择"文本"工具，拉开一个文本框，输入文本"PS"，在控制面板中设置字体：思源黑体（Regular），大小：18点，字符间距：0，填充：纸色，段落：居中对齐。

⑦ 同时选中"PS"与圆形背景，在"对齐"面板上勾选"对齐选区"，点击"垂直居中对齐""水平居中对齐"，按下<Ctrl>+<G>组合键"编组"。

⑧ 在圆形下方输入文本"Adobe Photoshop"，在控制面板中设置字体：思源黑体（Regular），大小：14点，字符间距：0，填充：黑色，段落：居中对齐。

⑨ 同时选中圆形图标与"Adobe Photoshop"，点击"对齐"面板上的"垂直居中对齐"；同时按下<Ctrl>+<G>键"编组"；最终效果如图4-180所示。

图4-178　　　　　图4-179　　　　　图4-180

（2）制作一排图标

① 如图4-164所示，按下<Shift>+<Alt>组合键的同时，水平拖动第一个"图标"模板，再复制一组；按下<Ctrl>+<Shift>+<U>组合键，在弹出的"多重复制"对话框中，设置如图4-181所示，计数：4，点击"确定"。

图4-181

② 把第一个和第六个图标放置在距离版心线合适的位置，同时选中6个图标，点击对齐面板上的"垂直居中对齐""水平居中分布"，将6个图标水平对齐、均匀分布。

③ 将鼠标放置在图标文本位置，分别连续双击5个图标的文本，替换文字；再次连续双击半圆形，修改半圆形的颜色；效果如图4-182所示。

图4-182

（3）制作"爱好兴趣"模块

① 复制"代表作品"模块的标题，双击文本，替换为"爱好兴趣"文本。

② 同时按下<Ctrl>+<D>组合键，如图4-183所示，在"置入"对话框中，按下<Shift>

键，同时选中7个图片素材，取消"显示导入选项"，点击"打开"。

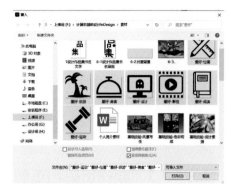

图4-183

③ 长按鼠标左键的同时，连续6次点击键盘上向右方向箭头"→"，可以看到桌面有7个矩形虚框，拖放到合适大小、位置，松开鼠标；可以看到同时导入了7个大小一样、间距一样的图标素材。

④ 复制"Adobe Photoshop"文本到"影视"图标下，替换为"影视"文本；点击右键，选择"适合>使框架适合内容"。

⑤ 按下<Shift>+<Alt>键的同时，拖动"影视"文本，水平再制作一组到"椰树"图标下方；如图4-184所示，同时按下<Ctrl>+<Alt>+<Shift>键的同时，连续5次点击<D>键，再复制5个"影视"文本。

⑥ 用"文本"工具双击文本，替换文本内容，完成"爱好兴趣"模块制作；效果如图4-185所示。

应用网格格式(J)	Ctrl+Alt+E
直接复制(D)	Ctrl+Alt+Shift+D
多重复制(O)...	Ctrl+Alt+U

图4-184

图4-185

（4）制作"奖项与证书"模块

① 复制"个人资料"页面的"代表作品"模块到"技能掌握"页面，放置在合适位置。用"文本"工具双击，替换文本，完成"奖项与证书"模块制作，如图4-186所示。

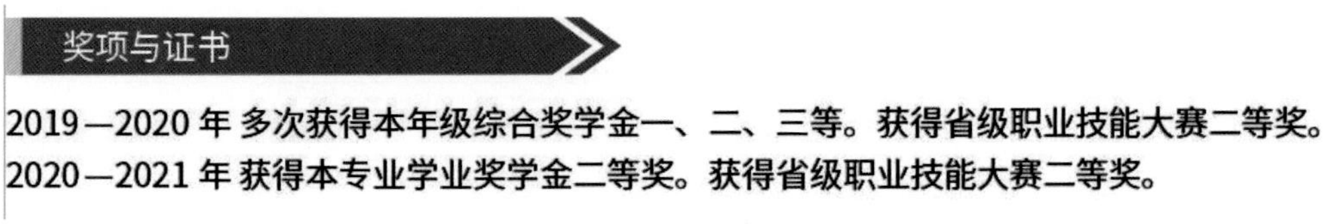

奖项与证书

2019—2020 年 多次获得本年级综合奖学金一、二、三等。获得省级职业技能大赛二等奖。
2020—2021 年 获得本专业学业奖学金二等奖。获得省级职业技能大赛二等奖。

图4-186

② 将"技能掌握"页面所有模块分别选中、群组，在"对齐"面板上选择"对齐边距"，点击"左对齐"。完成"技能掌握"页面制作，效果如图4-187所示。

图4-187

▶ 微课助手 ◀

绘制"技能掌握"页面

模块4.4 设置作品集正文

⊕ 教学目标

1. 了解页码和页眉设计规范、正文模板设计方法、目录设计流程等基础知识。
2. 熟练掌握制作页码和页眉、篇章页模板、正文模板、章节模块、目录页等操作技能。
3. 具备严谨细心、严于律己的职业素质。

任务4.4.1 制作页码和页眉

✎ 任务分析

通过本任务的学习，掌握设置主页、设置页码、绘制页眉、应用主页等操作技能，完成页码和页眉制作。

✐ 任务实施

（1）设置"B-正文"主页

打开"设计作品集"源文件，在"页面"面板的"A-主页"空白处点击"右键"，选择"新建主页"（图4-188）。在弹出的"新建主页"对话框中，设置如图4-189所示，名称：正文，基于主页：A-主页，点击"确定"，得到基于"A-主页"的"B-主页"，重命名为"B-正文"，如图4-190所示。

图4-188   图4-189   图4-190

（2）设置"页码"

① 双击"B-正文"，进入"B-正文"编辑页面。选择"文本"工具，在"B-主页"页眉位置拉出一个文本框，选择"文字>插入特殊字符>标志符>当前页码"命令，或同时按下<Ctrl>+<Alt>+<Shift>+<N>组合键，插入页码符号"B"。

② 用"文本"工具选中"B"，在控制面板中设置字符如图4-191所示，思源黑体 CN（Regular），大小：8点，填充：黑色，段落：居中对齐。

③ 点击右键，选择"使框架适合内容"，使文本紧贴框架，效果如图4-192所示。

图4-191   图4-192

④ 绘制页码图形：绘制一个边长为8毫米的正方形、一个高为4毫米的等腰直角三角形，在"路径查找器"面板上，点击"相减"图标，得到一个"五边形"，按下<Shift>+<Ctrl>+<[>组合键，将"五边形"置为底层。

⑤ 选择页码"B"，在控制面板上把页码"B"色彩设置为"纸色"。

⑥ 同时选中"五边形"和页码，在"对齐"面板上设置"垂直居中对齐""水平居中对齐"；同时按下<Ctrl>+<G>组合键"编组"。

⑦ 选择"页码图形"，在"对齐"面板上选择"对齐边距"，点击"左对齐"；效果如图4-193所示。

图4-193

（3）绘制"左页眉"

① 点击"文本"工具，输入书名"济源职业技术学院 视觉传达设计专业 王妙可个人设计作品集"，在控制面板中设置字符：思源黑体（Regular），大小：10点，填充：黑色；点击右键，选择"使框架适合内容"。

② 同时选中"书名"和"页码图形"，在"对齐"面板上选择"对齐关键对象"，点击"页码图形"，选择"垂直居中对齐"；同时按下<Ctrl>+<G>组合键"编组"。

③ 选中编组后的左页眉，在"对齐"面板设置如图4-194、图4-195所示，选择"对齐边距"，点击"左对齐"，将"左页眉"与版心左边缘对齐；效果如图4-196所示。

图4-194　　　　图4-195

济源职业技术学院 艺术设计系 视觉传达设计专业 王妙可个人设计作品集

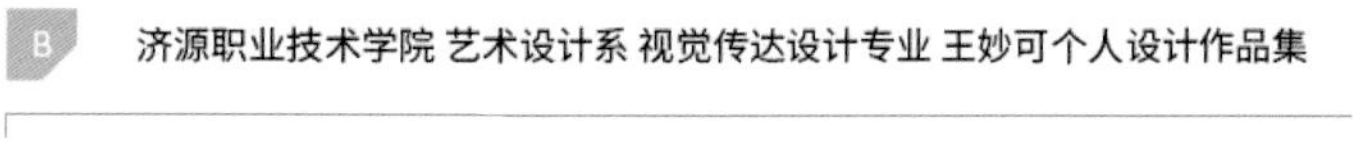

图4-196

（4）绘制"右页眉"

① 按下<Shift>+<Alt>组合键的同时，水平拖动再复制一个"左页眉"到"右页眉"位置，在控制面板点击"水平翻转" 图标；效果如图4-197所示。

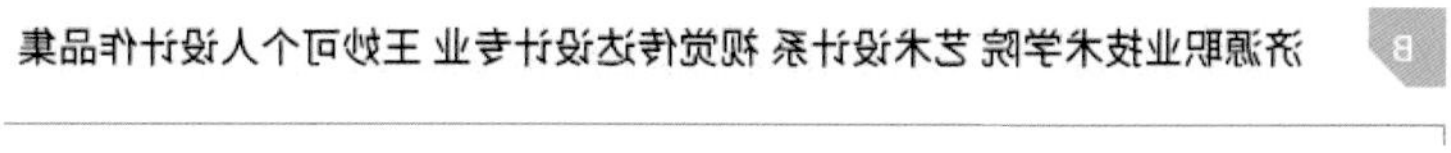

集品作计设人个可妙王 业专计设达传觉视 系计设术艺 院学术技业职源济

图4-197

② 在"对齐"面板中选择"对齐边距"，点击"右对齐"，使"右页眉"与版心右边缘对齐。

③ 选中"右页眉"，同时按下<Ctrl>+<Shift>+<G>组合键"取消编组"。

④ 选中"书名"，在控制面板点击"水平翻转" 图标。

⑤ 选中"页码图形"，同时按下<Ctrl>+<Shift>+<G>组合键"取消编组"。选中"页码"，在控制面板点击"水平翻转" 图标；效果如图4-198所示。

⑥ 把"书名"替换为"艺术点亮人生，设计美好生活"，用"文本"工具选中文本，点击控制面板中"段落"选项的"右对齐"图标。同时选中"右页眉"所有图形，按下<Ctrl>+<G>组合键"编组"，完成"右页眉"，效果如图4-199所示。

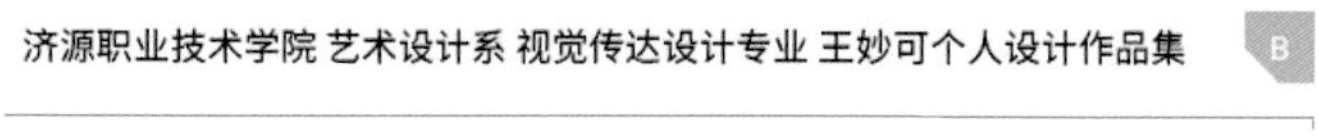

济源职业技术学院 艺术设计系 视觉传达设计专业 王妙可个人设计作品集 　　　 艺术点亮人生，设计美好生活

图4-198 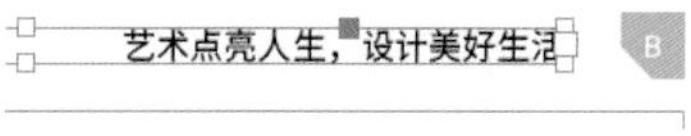　　　　　　　　　　　　　图4-199

（5）应用主页

① 在"页面"面板中，如图4-200所示，按下<Shift>键，同时选中"8-9"页；点击右键，选择"将主页应用于页面"。

② 在弹出的"将主页应用于页面"对话框中，设置如图4-201所示，应用主页：B-正文，于页面：8-9，点击"确定"；效果如图4-202所示。选择"视图>屏幕模式>预览"命令，效果如图4-203所示。

图4-200

图4-201

图4-202

▶ 微课助手 ◀
制作页码和页眉

图4-203

▶ 微课助手 ◀
页码的设置

▶ 知识链接 ◀
主页的设置

任务4.4.2　制作篇章页模板

✒ 任务分析

篇章页，又称辑页、隔页、中扉页。篇章页的内容一般包含本章题目、本章所有节的标题、章的简介。每本书的篇章页版式设计一般使用同一个版式；不同章节的篇章页经常采用改变局部图案、变换色彩的方法以示区分；印刷时一般采用彩页或较厚的纸张把篇章页和正文区分开。篇章页上一般计算页码但不显示页码，称之为暗码。

通过本任务的学习，掌握设置段落样式、段落样式组等的操作技能，完成篇章页模板制作。

✒ 任务实施

（1）设置文本

① 选择文本工具，输入"01"，在控制面板上设置字符如图4-204、如图4-205所示，方正大黑简体（Regular），字体大小：260点，文本填充色：封面绿色圆形，描边：无。完成后，点击右键，选择"使框架适合内容"，或者双击文本框架四角的节点，"使框架适合内容"；效果如图4-206所示。

图4-204　　　　　　　图4-205　　图4-206

② 接下来为其他文字设置字体，以下设置仅为参考（可以根据作品风格自主设计）。

a. 基础技能。字体：思源黑体（Extralight），大小：60点，填充：黑色；60%色调。

b. BASIC SKILLS。字体：思源黑体（Bold），大小：24点，行距：30点，填充：黑色；80%色调。

c. 贰零壹捌—贰零贰壹。"直排文本"工具，字体：思源黑体（Normal），大小：30点，填充：黑色；80%色调。

d. 壹。字体：思源黑体（Regular），大小：120点，填充：黑色；80%色调。

e. 实习。字体：思源黑体（Medium），大小：18点，行距：24点，填充：黑色。

f. 实际项目、练习作品。字体：思源黑体（Medium），大小：18点，行距：24点，填充：黑色；60%色调。

g. 绘制其他图形。填充合适颜色、调整图层顺序、调整文本颜色，分别将其对齐、编组。

认真检查文字的字体、大小、颜色是否合适，设置要规范。

（2）设置段落样式

① 选中"01"文本，在"段落样式"面板右上角隐藏图标点击"新建段落样式"，在"段落样式"对话框中，设置如图4-207所示，"样式名称"：篇章页01，其他默认，点击"确定"。"段落样式"面板上有了"篇章页01"段落样式，如图4-208所示。

图4-207   图4-208

② 分别为"基础技能""贰零壹捌—贰零贰壹""BASIC SKILLS""壹""实习""实际项目、练习作品"等设置段落样式；"段落样式"面板如图4-209所示。

（3）设置段落样式组

① 如图4-210所示，在"段落样式"面板中，按住<Shift>键，同时选中与篇章页相关的所有段落样式，点击右键，选择"从样式中新建组"。

② 在弹出的"新建样式组"对话框中设置样式组名称：篇章页。如图4-211所示，所有篇章页所有段落样式在一个组中。

图4-209

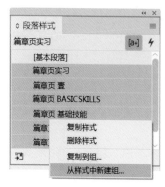

图4-210   图4-211

（4）存储

打包保存源文件，"篇章页"制作完成，效果如图4-212所示。

图4-212

▶ 小贴士："段落样式"名称设置

① "段落样式"名称宜简短、易识别、易记忆。一般以"篇章题目级别+内容简称"为样式名称。

② 段落样式设置的目的是便于后期对文字字体、段落格式的统一修改。

③ 段落样式名称设置后，如果名称错误，可以在"段落样式"画板中双击名称，进行修改。

④ 段落样式上下顺序不合适，可以在"段落样式"画板中直接拖动该样式，调整顺序。

任务4.4.3 制作正文模板

✏ 任务分析

通过本任务的学习，掌握设置题注、段落文本与首行空两格等的操作技能，完成正文模板制作。

（1）设置题注

① 插入图片。打开"设计作品集"源文件，选择"矩形框架"工具，拉出一个宽度160毫米、高度合适的矩形框架，选择"文件>置入"命令，置入图片；在图片上点击右键，选择"适合>按比例填充框架"，使图片适合框架。在"对齐"面板中选择"对齐边距"，点击"居中对齐"；效果如图4-213所示。

② 设置"题注"段落样式。在"段落样式"面板右上角隐藏图标点击"新建段落样式"，在"段落样式"对话框中，设置如图4-214、图4-215所示，"样式名称"：题注；点击"基本字符格式"，设置字体系列：思源黑体 CN，字体样式：ExtraLight，大小：10点，行距：12点；点击"字符颜色"设置填充：黑色，轮廓：无；点击"缩进和间距"，设置对齐方式：居中，点击"确定"。

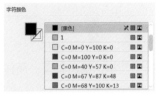

图4-213	图4-214	图4-215

③ 在图片上点击右键，如图4-216所示，选择"题注>题注设置"，在弹出的"题注设置"对话框中，设置如图4-217所示，元数据：名称，对齐方式：图像下方，位移：3毫米，段落样式：题注，勾选"将题注和图像编组"，点击"确定"。

图4-216

④ 在图片上点击右键，选择"题注>生成静态题注设置"，效果如图4-218所示。

图4-217	图4-218

（2）设置段落文本与首行空两格

① 选择"文本"工具，拉出一个文本框，宽度为版心与图形之间的距离，粘贴正文第2页文本。在控制面板中，设置字符如图4-219所示，思源黑体 CN（Regular），大小：14点，行距：24点；设置段落如图4-220所示，样式：双齐末行齐左，左缩进：5毫米，右缩进：5毫米。

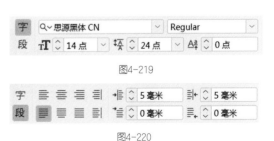

图4-219

图4-220

② 在"段落"面板上，如图4-221、图4-222所示，在"中文排版集"下拉列表中点击"基本"。在弹出的"中文排版设置"对话框中，如图4-223所示，点击"中文段首缩进"后的"无"，会弹出一个"是否要创建一个新的中文排版集"对话框，点击"确定"。

图4-221　　　　　图4-222　　　　　　　　　　　　　　　图4-223

③ 在"新建中文排版集"对话框中，设置如图4-224所示，名称：简体中文默认值+首行空两格，基于设置：简体中文默认值，点击"确定"。

④ 回到"中文排版集"对话框中，如图4-225所示，在"中文段首缩进"下选择"2个字符"，点击"确定"。

图4-224　　　　　　　　　　　　　　　　　图4-225

▶ 小贴士：首行空两格的标准设置方法

在InDesign中，如果使用段落中的"首行缩进"设置首行空两格，当字体、大小等变化时，首行空两格的位置就会发生变化。

使用"中文排版集"设置的首行空两格，无论字体、大小如何变化，都是标准的首行空两格排版。

⑤ 在"是否现在存储设置"对话框中点击"是"；效果如图4-226所示。

图4-226

（3）设置其他文本

按顺序输入页面2的其他文本，用已学过的方法，分别设置文本、段落样式，并进行对齐、编组。

（4）存储

设计作品集正文模板最终效果如图4-227所示。打包保存源文件。

图4-227

▶ **小贴士：字体设置**

字体设置原则主要有：

统一原则：文本字体最好不超过三种，为了区分层次关系可以选择同一种字体的不同形式，如思源黑体；也可以在字体的大小、颜色上做变化。

对齐原则：在同一水平线、垂直线位置的文本要使用对齐工具对齐。

高度相似原则：使用控制面板上高度、宽度的设置，使其保持一致。

思源黑体是Adobe与Google合作开发的字体，有七种粗细：Extralight、Light、Normal、Regular、Medium、Bold和Heavy，支持繁体中文、简体中文、日文和韩文，字体文件可以不受限制地免费使用。目前是进行界面设计时常用的字体之一。

任务4.4.4 制作章节模块

任务分析

通过本任务的学习，掌握确定篇章页和正文是否应用段落样式、设置作品集正文其他模块、设置正文页码、设置感谢页等的操作技能，完成章节模块制作。

任务实施

（1）制作"篇章页""正文"模板

① 确定篇章页的文本是否应用了段落样式。用"文本"工具选中篇章页上的文本，打开"段落样式"面板，查看所有文本是否应用了相应的段落样式。当选中篇章页文本的同时，相应的段落样式背景没有变成蓝色时，说明文本没有应用段落样式。点击相应段落样式，使其呈现蓝色，确定其应用了段落样式，如图4-228所示。

② 同理，检查正文页面的文本是否应用了段落样式，如图4-229所示。

图4-228　　　　　　　　　　　　图4-229

▶ 小贴士：应用段落样式

　　篇章页、正文的文本如果没有应用段落样式，复制的页面也不会应用段落样式，后期就无法设置目录，也无法通过段落样式进行文本的批量修改。

　　作为复制用的模板，必须要严格检查所有文本是否应用了段落样式。

　　③ 取消"篇章页"页眉和页码的设置。在"页面"面板，拖动"A-主页"到"篇章页"页面，取消"篇章页"页眉和页码的显示。

（2）制作作品集模块1

　　① 在"页面"面板，选择页面9"基础技能"页面，点击右键，如图4-230所示，勾选"允许文档页面随机排布""允许选定的跨页随机排布"：选择"直接复制页面"，连续三次，复制三个页面，"页面"面板如图4-231所示。

图4-230　　　　　　　图4-231

　　② 将10-12页的文本、图片替换为色彩构成、风景写生、装饰画的内容；效果如图4-232～图4-234所示。

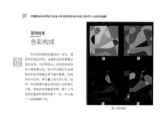

图4-232　　　　　　　　　图4-233　　　　　　　　　图4-234

（3）制作作品集模块2

① 如图4-235所示，在"页面"面板，点击"8-9"的图标，同时选中"8-9"页，点击右键选择"直接复制跨页"；复制"8-9"页到内容"13-14"页，"页面"面板如图4-236所示。

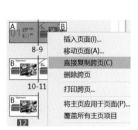
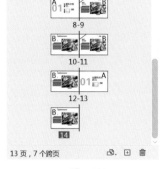

图4-235　　　　　图4-236

② 将13页的文本、图片替换为02专业技能模块文本；效果如图4-237所示。

③ 选择页面14，点击右键，选择"直接复制页面"，连续四次。将14-18页的文本、图片替换为名片设计、宣传页设计、包装设计、界面设计、公益招贴的内容；效果如图4-238~图4-242所示。

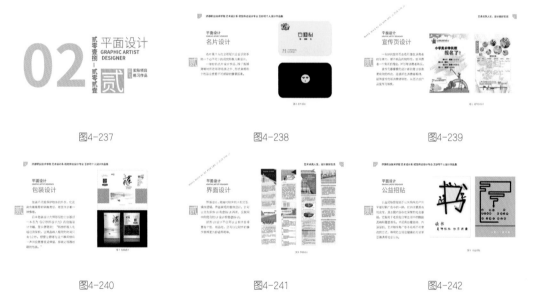

图4-237　　　　　　　　　图4-238　　　　　　　　　图4-239

图4-240　　　　　　　　　图4-241　　　　　　　　　图4-242

（4）制作作品集其他模块

① 同理，制作作品集模块3，替换时注意文本一定要应用相应的段落样式。模块3制作效果如图4-243~图4-246所示。

图4-243　　　　　　　　　图4-244　　　　　　　　　图4-245

② 模块4的制作效果如图4-247~图4-249所示。

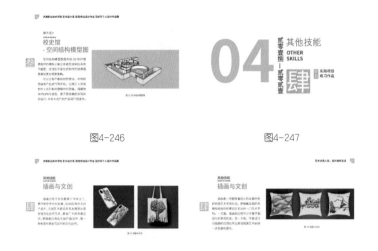

图4-246   图4-247

图4-248   图4-249

（5）设置正文页码

① 如图4-250所示，在"页面"面板，取消"允许选定的跨页随机排布"。

② 如图4-251所示，选中页面8，在模块1的"篇章页"页面中点击右键，选择"页码和章节选项"。在弹出的"页码和章节选项"对话框中，设置如图4-252所示，勾选"开始新章节"，起始页码：1，章节前缀：正文，点击"确定"。

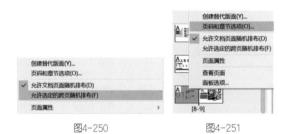

图4-250   图4-251

③ "页面"面板设置效果如图4-253所示，正文页码从第8页开始，第9页为"正文2"。

图4-252   图4-253

（6）制作感谢页

① 在"页面"面板，确定勾选"允许文档页面随机排布""允许选定的跨页随机排布"的状态下，在最后一个页面点击右键，选择"插入页面"；在"插入页面"对话框中，设置如图4-254所示，页数：2，插入：页面后、23，主页：B-正文。

图4-254

② 在感谢页面，输入文本，在"段落样式"面板，点击"正文段落"，应用"正文段落"样式；效果如图4-255所示。

图4-255

（7）存储

设计作品集制作完成，打包保存源文件。

任务4.4.5 制作目录页

任务分析

通过本任务的学习，掌握制作目录的字符样式、制作目录段落样式、设置目录、调整目录等的操作技能，完成目录页制作。

任务实施

（1）制作目录前的准备工作

① 调整页面。制作目录前先调整好页面，检查作品集页面是否有缺页、漏页，保证页面完整、页面顺序正确。

② 确定和目录相关的文本应用了相应段落样式。检查作品集每个篇章页中和目录相关的"基础技能""设计素描"类文本，是否全部应用了相应的段落样式。

（2）制作目录的字符样式

① 制作"目录页码"字符样式。在"字符样式"面板上，点击右键，选择"新建字符样式"，在"字符样式"对话框中，设置如图4-256所示，样式名称：目录页码，设置字体：思源黑体 CN（Light），大小：10点，行距：14点，字符颜色：黑色。

② 制作"目录编号"字符样式。在"字符样式"面板上，点击右键，选择"新建字符样式"，在"字符样式"对话框中，设置如图4-257所示，样式名称：目录编号，设置字

体：思源黑体 CN（Regular），大小：14点，行距：18点，字符颜色：黑色。

图4-256　　　　　　　　　　　　　　　　图4-257

（3）制作目录段落样式

① 在"段落样式"面板上，点击右键，选择"新建段落样式"，在"段落样式"对话框中，设置如图4-258所示，样式名称：目录基础技能，字体：思源黑体 CN（Regular），大小：14点，行距：18点，字符颜色：黑色。

② 在"缩进和间距"对话框中，设置如图4-259所示，对齐方式：双齐末行齐左，段前距：4毫米，段后距：1毫米。

图4-258　　　　　　　　　　　　　　　　图4-259

③ 在"项目符号和编号"对话框中设置"编号样式"如图4-260所示，格式：01，02，03，字符样式：目录编号，点击"确定"。

④ 在"段落样式"面板上，点击右键，选择"新建段落样式"，在"段落样式"对话框中，设置如图4-261所示，样式名称：目录设计素描，设置字体：思源黑体 CN（Light），大小：10点，行距：14点，字符颜色：黑色。

图4-260　　　　　　　　　　　　　　　　图4-261

⑤ 在"缩进和间距"对话框中，设置如图4-262所示，对齐方式：双齐末行齐左，左缩进：13毫米，段前距：1毫米。

⑥ 在"制表符"对话框中，设置如图4-263所示，点击"右对齐"制表符图标，在标尺上单击确定定位符位置，也可以在"X"处输入70毫米，在前导符选项中输入一个句点（．），再点击"确定"。

图4-262   图4-263

⑦ 同理，设置目录二级标题"目录设计素描"段落样式。

（4）设置目录

① 选择"版式>目录"命令，在"目录"对话框中，设置如图4-264所示，标题：无，在"其他样式"中选择"篇章页基础技能"，点击"添加"，将其添加到"目录中的样式"，在"条目样式"中选择"目录基础技能"，设置页码：无页码，级别：1。

② 在"目录"对话框中继续设置参数如图4-265所示，在"其他样式"中选择"正文设计素描"，点击"添加"，将其添加到"目录中的样式"，在"条目样式"中选择"目录设计素描"，页码：条目后，样式：目录页码，级别：2，点击"确定"。

③ 在目录页面拖拉一个文本框，作品集目录效果如图4-266所示。

图4-264   图4-265   图4-266

（5）调整目录

① 目录设置完成后，如果有设计不合理的地方，可以重新点击"版面>目录"，打开"目录"对话框进行修改。

② 目录文本设计有不合理的地方，可以在"段落样式""字符样式"面板，打开相关样式，进行修改。

（6）设置目录其他文本、图形

① 设置目录中英文字体。

② 复制封面图案到目录页面，按下<Ctrl>+<Shift>+<[>组合键，"置于底层"。

③ 绘制装饰图形。

作品集目录页制作效果如图4-267所示。

微课助手
制作目录页

图4-267

模块4.5 存储文件

教学目标

1. 熟悉文件存储的基础知识。
2. 掌握文件导出、文件打包等操作技能。
3. 具有良好的沟通能力、团队意识、集体意识。

任务4.5.1 导出文件

任务分析

通过本任务的学习，掌握导出封面、导出正文等操作技能，完成文件导出。

任务实施

（1）导出封面

① 选择"文件>导出"，设置如图4-268所示，文件名称：设计作品集封面，选择：Adobe PDF（打印），点击"保存"。

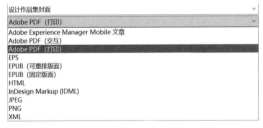

图4-268

② 在"Adobe PDF（打印）"对话框中，设置如图4-269所示，Adobe PDF预设：高质量打印；点击"常规"，设置页面：范围、2-4，导出为：跨页，其他选项默认不变。

③ 在"标记和出血"对话框中，设置如图4-270所示，勾选"裁切标记"和"出血标记"，勾选"使用文档出血设置"，其他默认不变；点击"导出"。

图4-269   图4-270

④ 打开导出的"设计作品集封面"PDF格式,效果如图4-271所示。

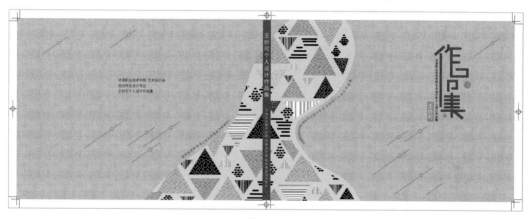

图4-271

(2)导出正文

① 选择"文件>导出",设置如图4-272所示,文件名称:设计作品集正文,选择:Adobe PDF(打印),点击"保存"。

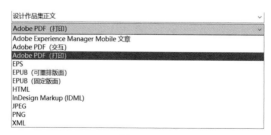

图4-272

② 在"Adobe PDF(打印)"对话框中,设置如图4-273所示,Adobe PDF预设:印刷质量,在"常规"中设置页面:范围、4-正文20,导出为:页面,其他选项默认不变;点击"导出"。

③ 打开导出的"设计作品集正文"PDF格式，点击"双页"显示，效果如图4-274所示。

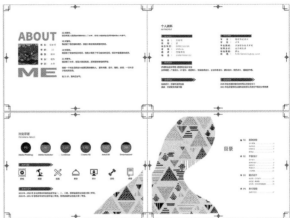

图4-273   图4-274

▶ 微课助手 ◀   ▶ 知识链接 ◀   ▶ 知识链接 ◀
导出文件   文件的输出设置   文件的导出设置

任务4.5.2 打包文件

任务分析

通过本任务的学习，掌握预览-审核、查找/修复字体、查找/修复图片链接、打包等的操作技能，完成文件打包。

任务实施

（1）预览-审核

如图4-275所示，选择"视图>屏幕模式>预览"，认真查看文件是否有问题。

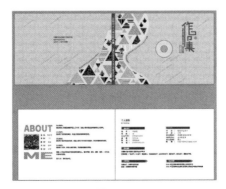

图4-275

（2）查找/修复字体

① 查找受保护字体。选择"文件>打包"，如图4-276所示，在"打包"对话框中可以看到"小结"一栏提示：字体有1款受保护。"字体"选项列出了文档中使用的所有字体，包括应用到溢流文本或粘贴板上的文本字体，以及EPS、AI、PS文件和置入PDF页面中的嵌入字体等，同时确定字体是否已安装在计算

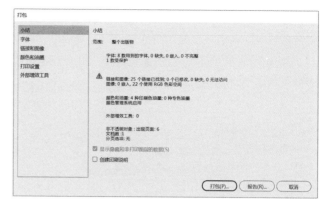

图4-276

机上以及是否可用。勾选"仅显示有问题项目"复选框，则只显示缺失字体、不完整字体和受保护的字体。根据提示，在字符样式、段落样式中逐一修复字体。

② 查找受保护字体及所在页面。在"打包"对话框中点击"字体"，可以看到如图4-277所示，受保护的字体是：方正大黑简体（Regular）。点击右下角"查找字体"，如图4-278所示，在"查找/替换字体"对话框中找到"方正大黑简体（Regular）"。点击"较多信息"，可以看到"方正大黑简体（Regular）"是应用于：篇章页01段落样式，在页面1、6、12、16页。点击"完成"，退出对话框。

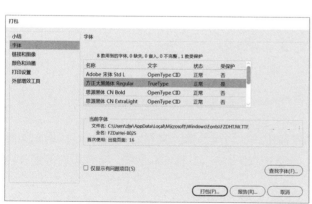

图4-277

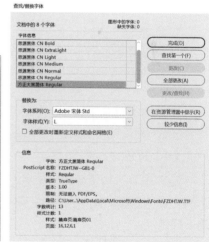

图4-278

③ 修复替换字体。在"段落样式"面板中双击"篇章页01"段落样式，在"段落样式"对话框中替换字体设置，字体系列：思源黑体（Bold），大小：280点，点击"确定"。如果受保护的字体没有其他字体能够替换，可以用"文本"工具选中文字点击右键，选择"创建轮廓"，将其转化为图形。

（3）查找/修复图片链接

① 查看及修复图片链接。InDesign文档中使用的所有图像，都需要通过链接的方式放

置到文档中，如果文档中图像的链接错误或丢失，则会在输出或打印文档时出现错误。

　　② 如图4-279所示，选择"文件>打包"命令，点击"链接和图像"选项卡，查看图像的链接情况。勾选"仅显示有问题项目"复选框，即可显示有问题的链接。

　　③ 如图4-280所示，点击重新链接，打开"定位"对话框，在对话框中找到正确的图像文件，点击"打开"。

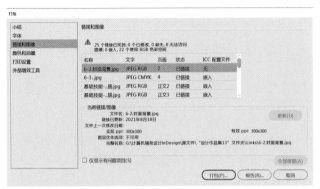
图4-279

图4-280

　　④ 如图4-281所示，弹出的"重新链接"对话框中会显示正在链接的图像和进度。如果缺失链接的图像同在一个文件夹，弹出的"信息"对话框会提示已找到其余的链接，如图4-282所示，单击对话框中的"确定"按钮，即完成所有链接修复工作。

图4-281

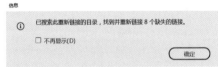
图4-282

　　⑤ 此时返回"打包"对话框，该对话框中的"链接和图像"列表下显示已链接。根据提示，逐一修复图像链接。

　　（4）打包

　　① 修复好文档中缺失的字体、图像链接后，再次选择"文件>打包"，可以看到如图4-283、图4-284所示，"小结"提示：字体0款受保护，"链接和图像"等都没有问题，点击"打包"。

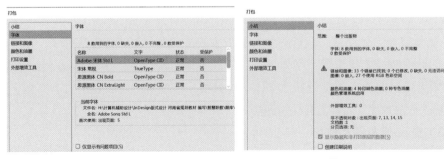

图4-283　　　　　　　　　　　　　　　　图4-284

② 如图4-285、图4-286所示，在"打包出版物"对话框中，文件夹名称命名为："'设计作品集'文件夹2"，点击"打包"，和第一次"打包"流程一样。

图4-285   图4-286

③ 在"打包"文件夹中，可以看到如图4-287、图4-288所示，设计作品集用过的所有英文字体和图片都保存在文件夹中了。

图4-287   图4-288

举一反三

学生为自己设计一本作品集。

▶ 微课助手 ◀
打包文件

▶ 知识链接 ◀
文件的打包设置

项目测试

一、填空题

1. InDesign中可以创建基于同一个文档中的另一个_____，也可创建随该主页更新的主页变体。

2. InDesign中，在文档页面上可以将主页对象从其主页中分离，执行此操作后，该对象将被复制到文档页面中，它与主页的关联将_____。

3. 在InDesign中置入一个带有表格的Word文档时，没有出现表格而是纯文本，是因为在导入文档时没有选择"显示_____"。

4. 在InDesign中，当置入Excel表格时，如果表内有随文的图形，要保留这些图形，应在置入表格时选择"包含_____"选项。

二、单项选择题

1. "打包(Package)"的作用是什么？（　　）
    A. 把所有链接文件放到一个文件夹中
    B. 把所有文档信息存放到文档中
    C. 生成印刷说明
    D. 把文档的拷贝及相关字体、图片收集到一个文件夹中

2. 如果把一个新主页应用到一个使用了默认主页的页面上，将会（　　）。
    A. 新主页覆盖默认设置
    B. 必须首先对页面应用"无"主页，新主页才能生效
    C. 默认设置和新主页设置都会在页面上生效
    D. 弹出提示框，无法应用该主页

三、多项选择题

1. 下面关于InDesign主页的描述，哪些是正确的？（　　）
    A. 一个文档页面可以同时应用两个主页
    B. 默认情况下，在文档页面上无法编辑主页中的对象
    C. 可以以某个主页为基础创建一系列主页，修改原主页，其他相关的主页也会更改
    D. 文档页面上不能呈现该页面应用的是哪个主页

2. 使用样式的优点在于？（　　）
    A. 为了更好地进行目录编排　　　　B. 避免文字及段落的重复设置
    C. 可以统一编辑文字及段落格式　　D. 修改时减少对文字及段落的重复操作

项目5
完成书籍排版设计
全流程

项目概述

　　书籍排版是InDesign软件的重要功能，是高级平面设计师岗位应掌握的核心技能之一。本项目通过排版一本完整的书，使学生在熟练掌握InDesign软件技能的同时，合理应用排版设计原则。

　　本项目是以《InDesign版式设计》为例进行排版设计。这是一本理论和实践相结合、培养学生创造性思维与能力的优秀教材，要求书籍排版设计符合排版设计原则，符合高职教材特点。

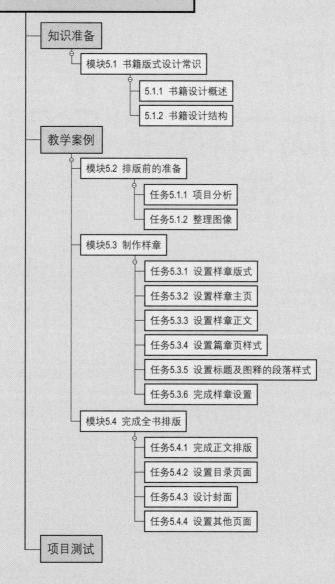

项目5　完成书籍排版设计全流程

知识准备

模块5.1 书籍版式设计常识

5.1.1 书籍设计概述

5.1.2 书籍设计结构

教学案例

模块5.2 排版前的准备

任务5.1.1 项目分析

任务5.1.2 整理图像

模块5.3 制作样章

任务5.3.1 设置样章版式

任务5.3.2 设置样章主页

任务5.3.3 设置样章正文

任务5.3.4 设置篇章页样式

任务5.3.5 设置标题及图释的段落样式

任务5.3.6 完成样章设置

模块5.4 完成全书排版

任务5.4.1 完成正文排版

任务5.4.2 设置目录页面

任务5.4.3 设计封面

任务5.4.4 设置其他页面

项目测试

职业素养　**文质彬彬**

　　质胜文则野，文胜质则史，文质彬彬，然后君子。（孔子《论语》）

　　"质"是指质地，象征质朴的品质，"文"则是纹饰，象征文化的修养。

　　"质胜文则野"是指一个人没有文化修养就会很粗俗；"文胜质则史"是指一个人过于文雅就会注重繁文缛节而不切实际。按照古人的观念，或者说儒家的观念，一件物品最合乎礼节的形式，就应该是要做到"文质彬彬"。

　　在版式设计中，质地和装饰就是一对矛盾体，好的设计应该是文质彬彬，文和质的关系是相辅相成，相得益彰。

Id 知识准备

> ◎ 教学目标
> 1. 了解书籍设计的定义、内容、类型等。
> 2. 熟悉书籍设计结构的内容、特点等基本知识。
> 3. 具备一定的理论素养。

5.1.1 书籍设计概述

（1）书籍设计定义

书籍设计是指从书籍文稿起始，经过策划、设计、制版印刷到装订成书的全过程。

（2）书籍设计内容

书籍设计包括：书籍开本设计、造型设计、封面设计、护封设计、环衬设计、扉页设计、插图设计、版式设计、纸张材料选用、纸张印刷工艺确定等。

（3）书籍设计类型

可以分为：文学类、艺术类、自然科学类、社会科学类、科教文化类、儿童类、期刊类等。

5.1.2 书籍设计结构

书籍设计的结构包括：封面设计、环衬设计、扉页设计、内页设计等。

（1）封面设计

封面设计一般包括封面、封底、书脊等。

① 封面：又称封一、前封面、封皮、书面等。封面一般印有书名，作者、译者姓名和出版单位的名称。封面起着美化书刊和保护书心的作用。书冠是指封面上方印书名文字的部分。书脚是指封面下方印出版单位名称的部分。

② 封里：又称封二，是指封面的背页。封里一般是空白的，但期刊中常用它来印目录或有关的图片。

③ 封底里：又称封三，是指封底的里面一页。封底里一般为空白页，但期刊中常用它来印正文或其他正文以外的文字、图片。

④ 封底：又称封四、底封。图书在封底的右下方统一印ISBN编号条码、书号和定价，期刊在封底印版权信息，或用来印目录及其他非正文部分的文字、图片。封底设计是封面的延续，和封面、书脊是一个整体，不能太花哨，要起到与封面相呼应的作用。

⑤ 书脊：又称封脊，是指连接封面和封底的部分，对书籍装订起着保护作用，书脊设计要服从封面和封底的整体设计。书脊上一般印有书名，册次（卷、集、册），作者、译者姓名和出版单位名，以便于查找。书脊不足5毫米的，可以不写书名，只用一些纹饰加以美化。

⑥ 护封：包在图书封面外但不与其固定联结的一张纸，起到保护、装饰、宣传的作用。护封的组成部分包括前封、书脊、后封、前勒口、后勒口。多用于精装书。有护封的书籍，封面设计就要简洁一些。

⑦ 飘口：也叫勒口，是指精装书的前封和后封外切口处，往里折的部分。飘口的宽度视书籍设计需要而定，上面可放内容提要和相关图片。

⑧ 腰封：在护封外面的一层较窄的装饰部分，一般高为5—8cm，通常会放置宣传书籍用的文字、图形。

（2）书籍的其他结构

① 环衬：指封面与书心之间的双连页纸，可以起到加固书籍的作用，较厚的书籍一般会有环衬。环衬可以用单色纸、装饰图形、与图书内容主题相关的图像等，环衬的色彩相对于封面要有对比、有变化，设计相对淡雅一些。

② 扉页：扉页又称为书名页。扉页基本构成元素包括书名、作者、卷次及出版者等。扉页的作用是使读者心理逐渐平静而进入正文阅读状态，扉页字体的选择不宜过于繁杂而缺乏统一的秩序感。常使用与封面设计风格一致的图形，一般放在右页。

③ 版权页：包含书名、作者名、出版单位名称、出版年份、ISBN号、出版社网址、印刷厂家、经销商家、开本、印数、再版、字数、定价、版权声明、联系地址、邮编、电话、电子邮箱等。

④ 前言（序言）：前言和序言一般说明作品动机或作者构思起源等，通常前言是作者本人所写，序言由其他人所写，篇幅有时会是多页，一般放在右页。

⑤ 作者名单，或者编委会，通常按照作者贡献大小或姓氏字母顺序排列，也可以放在尾页。

⑥ 目录：目录是书刊中章、节标题的记录，起到主题索引的作用，便于读者查找。目录一般放在书刊正文之前（期刊因印张所限，常将目录放在封二、封三或封四上）。

⑦ 篇章页，也叫中扉页、篇扉页，包括章节标题、副标题、引语、图像、说明等，一般放在右页或者跨页；通常在篇章页页面中不显示页码，但在目录中显示页码。

⑧ 附录：把明显和章节有关的独立的细节信息，放在附录位置，不会干扰章节的阅读流畅性。包括来源注释、索引、文献和推荐书目、致谢等。

⑨ 空白页：如果前言或者序言在右页就结束，通常会留出空白页，没有页码，但是通常要计算在页数内。

（3）书籍的内页

书籍的内页设计包括版心及四周边口（天头、地脚、订口、切口）、正文、标题、文首、注释、书眉、页码、中缝等的设计。

① 版面：指在书刊、报纸的一面中图文部分和空白部分的总和，即包括版心和版心周围的空白部分。

② 版心：位于版面中央，排有正文文字、图形等的部分。

③ 边口：天头是指每面书页的上端空白处，地脚是指每面书页的下端空白处，订口是指书籍装订的位置，切口是指书籍的上、下和一侧三面切光之处。

④ 书眉：排在版心上部的文字及符号统称为书眉，一般包括书名、章节名、页码、装饰线等，用于检索篇章。

⑤ 页码：页码一般排于书籍切口一侧。

⑥ 刊头：又称"题头""头花"，用于表示文章或版别的性质，也是一种点缀性的装饰。刊头一般排在报刊、诗歌、散文的大标题的上边或左上角。

⑦ 跨栏：又称破栏。报刊大多是分栏排的，在一栏之内排不下的图或表延伸到另一栏而占多栏的排法称为跨栏。

⑧ 注文：对正文内容或对某一字词所作的解释和补充说明。有夹注、脚注、篇后注、书后注。在正文中标识注文的号码称注码。

Id 教学案例

模块5.2 排版前的准备

教学目标

1. 顺畅描述书籍排版制作流程。
2. 独立完成书籍版式设计前需要确定的内容、图像整理等任务。
3. 具备专业的语言沟通与表达能力。

任务5.2.1 项目分析

任务分析

设计师在排版前要与客户深入沟通，对客户在开本、材料、工艺等方面的需求进行全面了解。正确的设计流程、设计定位、排版框架可以使设计思路更清晰，设计工作更顺畅。

通过本任务的学习，了解书籍排版制作流程，掌握确定书籍设计定位、确定书籍排版框架等的操作技能，完成项目分析。

任务实施

（1）了解书籍排版制作流程

设计师与客户沟通，确定书籍设计定位、版式→通读书稿，确定书籍设计框架→整理书籍文本、图像素材→设计制作样章→打印样章、校对→客户签字、确认样章格式→完成全书初次排版→三审三校→打印样书→客户签字确认→印刷装订→发行销售。

在整个设计流程中，前期的设计定位、确定框架、素材整理、排版制作都是由设计师主导完成的；其他环节，设计师也应参与、了解。

（2）确定书籍设计定位

① 确定书籍设计风格、制作工艺。通过与客户沟通交流，依据书籍定位、内容、印刷成本等因素，确定书籍装帧采用简约、大气的平装设计风格；书籍封面采用铜版纸、平版

彩色印刷，正文采用双胶纸、彩色印刷，无环衬，胶装。

② 确定书籍设计版式。依据书籍内容、厚度、学生阅读习惯等确定书籍设计版式。

书籍成品尺寸为宽260毫米×高185毫米，出血3毫米。

书籍版心为上边距：22毫米、下边距：18毫米、内边距：22毫米、外边距：18毫米，页眉在上方，书名在左上方，章名在右上方，页码在下方。

书籍正文字体采用方正书宋简体10.5点，行距16.9点，全书大约170页，成书厚度约21毫米。

书籍章前页：每章设计章前页一张，每章的章前页固定在右手页。

（3）确定书籍排版框架

① 确定书籍框架。通过快速阅览，对书籍整体结构做一个初步了解。本书整体结构包含封面、封底、扉页、版权页、编委会、前言、目录、正文；其中，正文共分5章，每章包括知识准备、实训任务、举一反三、知识拓展、项目小结、项目测试等。

② 确定书籍标题层级。依据内容，确定本书标题分6级。1级标题：项目标题；2级标题：模块标题；3级标题：知识准备、实训任务、举一反三、知识拓展、项目小结、项目测试等；4级标题：知识准备下的大标题、任务大标题等；5级标题：教学目标、任务分析、任务实施、标题等；6级标题：正文小标题、小贴士等。

③ 确定图像的基本样式。本书有大量的图像，大小不一、背景色不统一，需要做一个对象样式，对图像的轮廓外形进行统一，图像的说明文字需要做一个题释段落样式。

本书需要做1个正文段落样式、6个标题段落样式、1个图释段落样式、1个图像对象样式。

实践题：用XMind软件绘制出书籍排版框架，以检验学习者是否理解排版的层级顺序及具有应用能力，并为后期的排版设置做准备。

任务5.2.2 整理图像

任务分析

整理图像即统一图像的格式、色彩模式、分辨率等，避免后期排版时出现图像格式、分辨率等不一致的问题。通过本任务的学习，掌握读图、批处理图像、图像的调整、导出图像等的操作技能，完成图像整理。

任务实施

（1）读图

① "读"图像格式。打开"图像"素材文件夹，根据图像的"类型"，判断图像的格式是否一致；可以看到："图像"的类型有JPG、PNG等不同格式（图5-1）。

② "读"图像色彩模式。在Photoshop中打开几张图像，在文件信息中可以看到图像的色彩模式信息；打开的图像有RGB、CMYK等不同模式（5-2）。

图5-1　　　　　　　　　　　图5-2

③ "读"图像分辨率。选择"图像>图像大小"命令，如图5-3、图5-4所示，可以看到图像的分辨率有300像素/英寸、120像素/英寸等，大小不一。

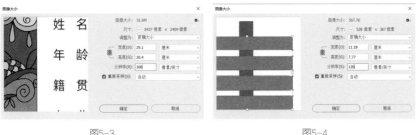

图5-3　　　　　　　　　　　　　　　　図5-4

（2）批处理图像

① 打开Photoshop，在"动作"面板中点击"创建新动作"按钮（5-5）；在"新建动作"对话框中设置名称：CMYK+分辨率300，点击"记录"。可以看到"动作"面板下方新建了一个动作"CMYK+分辨率300"，红色按钮表示动作已经开始记录，如图5-6所示。

② 选择"文件>打开"命令，打开该图书图像文件夹中的一张图像，如图5-7所示，选择"图像>模式>CMYK颜色"命令。

图5-5　　　　　　　　　図5-6　　　　　　　　　図5-7

③ 如图5-8所示，在转换确认对话框中，点击"确定"。选择"图像>图像大小"，如图5-9所示，在"图像大小"对话框中，首先取消"重新采样"选项，将分辨率改成300像素/英寸；可以看到如图5-10所示，修改后的图像大小没有变化；点击"确定"。

图5-8　　　　　　　　　図5-9　　　　　　　　　図5-10

④ 关闭修改过的文件，在"存储"文件对话框中，点击"是"。如图5-11所示，在"JPEG选项"对话框中，点击"确定"。如图5-12所示，在"动作"面板中点击"停止播放/记录"按钮；动作记录完毕。

⑤ 如图5-13所示，选择"文件>自动>批处理"命令，在"批处理"对话框中，点击"动作"，选择"CMYK+分辨率300"；在"源"中，选择"文件夹"；点击"选择"，找到需要处理的文件夹位置；勾选：覆盖动作中的"打开"命令、禁止显示文件打开选项对话

图5-11　　　　　　　　　図5-12

框、禁止颜色配置文件警告。

⑥ 如图5-14所示，在"目标"中，选择"存储并关闭"；勾选覆盖动作中的"存储为"命令；点击"确定"。可以看到软件自动完成了该文件夹中所有图像色彩模式和分辨率修改的动作。

图5-13　　　　　　　　图5-14

▶ 小贴士：批处理 ▰▰▰▰▰▰▰▰▰▰▰▰▰▰▰▰▰▰▰▰▰▰▰▰▰▰▰▰▰▰▰▰▰▰▰▰

　　① 使用批处理，可以将动作面板记录的所有步骤重复操作。经常用于大批量文件的重复性的操作步骤。

　　② 动作面板的红色记录按钮打开后，所有动作都将被记录，成为后面批处理的一部分，记录应包括：打开文件、关闭和存储文件的动作。如果记录过程中出现失误，需要删除，重新记录。

▶ 小贴士：图书排版印刷对图像的要求 ▰▰▰▰▰▰▰▰▰▰▰▰▰▰▰▰▰▰▰▰▰▰▰▰▰▰

　　图像的"类型"不同，其压缩格式等不同，会导致后期印刷时的质量差异。

　　图像色彩模式不同，会导致屏幕上看到的色彩和印刷色彩出现较大差异，书籍排版用图像应使用CMYK模式。

　　图像分辨率不同，会导致排版时无法确定导入图像的大小，无法确定图像需要缩小或放大。书籍排版用图像分辨率应统一为300像素/英寸。

　　（1）色彩模式

　　纸质印刷品一般都要求图像的色彩模式是CMYK模式，即印刷模式。

　　在InDesign中，可以在图书排版完成后并导出时将图像统一设置为CMYK模式；但前期排版时如果不设置为CMYK色彩模式，就会导致设计时对图像色调把握不准确，影响设计效果，同时也容易导致客户对色彩效果的误解。

　　（2）分辨率

　　一般的图书印刷时要求分辨率为300像素，对图像要求质量比较高的摄影类图书，有时会要求分辨率高一些，设置为300—400像素。

　　在图书排版中，为什么要将图像分辨率调整为统一的数值呢?

由于客户给的图像来源不同，分辨率会有很大差异；统一调整分辨率不会改变图像的质量；但在图书排版中置入图像时，可以根据图像原始大小，准确判断图像的印刷尺寸，合理设置图像尺寸。

（3）保存格式

图书中的图像一般保存为JPG格式。摄影类图书有时会要求保存为TIFF格式。

原因：TIFF保存的文件比较大，保存的图失真度极小，而且TIFF格式可以保存分层和透明信息；JPG是经过压缩算法压缩后的图像，由于体积较小利于传播，但是由于经过压缩，所以JPG格式图像信息损失较多。

（3）图像的调整

① 图像大小的裁剪。传记文学的照片具有历史性、真实性，未经作者同意，一般不宜裁剪图像，以免改变图像信息。经作者同意后，去除多余的信息等。

② 图像信息的调整。图像色彩等的调整：使用曲线、色彩平衡等调整色彩的明度、纯度等。一般来说，彩色印刷的书籍，每篇文章或每个页面的图像色调应保持一致。

（4）导出图像

如果客户给的图像是在Word文档中，没有单独给图像，可以在InDesign中把Word文档中的图像按顺序导出。

① 打开InDesign，点击"新建"，在"新建文档"对话框中，选择"打印"、A4；点击"边距和分栏"，其他默认不变，点击"确定"。

② 选择"文件>置入"，在置入对话框中，设置如图5-15所示，选择要置入的Word文档，勾选"显示导入选项"，点击"打开"。

图5-15

图5-16

③ 在"导入项目"对话框中，设置如图5-16所示，点击"保留文本和表的样式和格式"，勾选"导入随文图"，点击"确定"。

④ 选择"选择"工具，在页面上，按住<Shift>键，当输入箭头出现"S"符号时，在页面版心的左上角点击，软件会自动按文本顺序置入该Word文档包含图像的所有文本内容（图5-17）。

⑤ 在"链接"面板设置如图5-18所示，按住<Shift>键，选中所有图像，点击右键，选择"取消嵌入链接"。

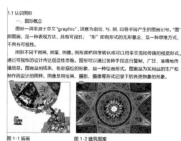
图5-17

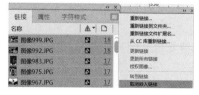
图5-18

⑥ 在"是否链接到原文件"对话框中，选择"否"。

⑦ 在"选择文件夹"对话框中，设置如图5-19所示，点击右键"新建一个文件夹"，命名为"第一章图片"，点击"选择文件夹"，"置入文档"对话框运行结束后，可以看到设置如图5-20所示，所有图片按顺序排列在"第一章图片"文件夹中。

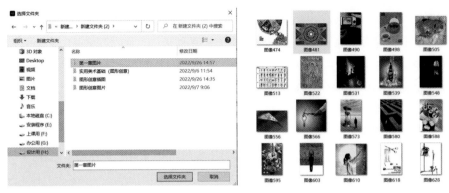

图5-19　　　　　　　　　　　　　　　　图5-20

举一反三

1. 将素材中的图片根据书籍排版设计要求进行图像处理。

2. 将所给素材中其他项目的图片按顺序导出。

模块5.3　制作样章

教学目标

1. 准确说出样章的设计流程。

2. 掌握设置样章的版式、主页、章前页、标题及图释的段落样式等操作技能。

3. 遵守职业规范，具备严谨、踏实、务实的职业作风。

任务5.3.1　设置样章版式

任务分析

样章版式的设置包含样章的开本、版心、主页、页眉、页码等的设置。确定书籍正文每个页面的基本结构、样式，是整本书风格形成的基础。通过本任务的学习，掌握设置样章文档的版心、A-主页的版心、主页-主页、页码、页眉等的操作技能，完成样章版式设置。

任务实施

（1）设置文档

① 设置开本。打开InDesign，按下<Ctrl>+<N>键，在"新建文档"对话框中，设置如

图5-21所示，选择"自定"，将"未命名-1"改为：InDesign版式设计样章，单位选择"毫米"，宽度：185毫米，高度：260毫米；方向：竖向，装订：从左到右页，页面：20，勾选"对页"，起点：2。

② 设置出血线。点开"出血和辅助信息区"下拉键，确定默认出血设置：3毫米，其他信息不修改，如图5-22所示。

③ 设置版心。点击"边距和分栏"，在打开的"新建边距和分栏"对话框中设置主页版心，如图5-23所示；取消边距"锁定"状态，边距为上：30毫米，下：22毫米，内：25毫米，外：20毫米。其他设置不修改，点击"确定"；效果如图5-24所示。

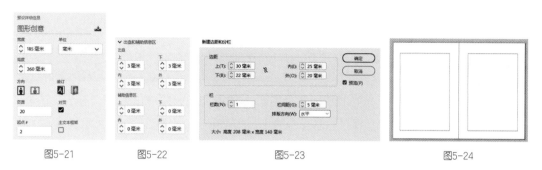

图5-21　　　　　图5-22　　　　　　图5-23　　　　　　　图5-24

（2）设置"A-主页"的版心

如图5-25所示，在"页面"面板，点击"A-主页"，同时选中"A-主页"的两个页面。选择"版面>边距和分栏"，在打开的"新建边距和分栏"对话框中设置主页版心，如图5-26所示，上：0毫米，下：0毫米，内：0毫米，外：0毫米，点击"确定"。

"A-主页"的版心设置是为后期不需要版心的封面等页面设置的，效果如图5-27所示。

图5-25　　　　　　　图5-26　　　　　　　　图5-27

（3）设置"主页-主页"

打开"页面"面板，在空白处点击"右键"，选择"新建主页"。在弹出的"新建主页"对话框中，设置如图5-28所示，前缀：主页，基于主页：无，页数：2，页面方向：竖向，点击"确定"；得到基于"无"的"主页-主页"，"页面"面板如图5-29所示。

图5-28　　　　　　　　图5-29

（4）设置"页码"

① 设置左页码。

a. 插入页码符号。如图5-30所示，在"页面"面板，双击"主页-主页"，进入"主页-主页"编辑页面。选择"文本"工具，在页脚处拉开一个文本框，选择"文字>插入特殊字符>标志符>当前页码"命令，或按下组合键<Ctrl>+<Alt>+<Shift>+<N>，插入页码符号"主页"，距离页面下边缘6毫米。

b. 设置页码字体。用"文本"工具选中页码符号"主页"，在控制面板设置字符如图5-31所示，字体：方正书宋简体（Regular），大小：10.5点，填充：黑色，段落：居中对齐。

c. 绘制装饰图形。用"椭圆"工具绘制两个1.5毫米的圆形，填充深红色（PANTONE P 49-8 C），水平对称放置在"主页"符号两侧。效果如图5-32所示。

图5-30　　　　　　　　　　图5-31　　　　　　　　　　图5-32

② 设置右页码。同时选中左页码符号"主页"与红色圆形，按下<Ctrl>+<G>键，群组页码图形。在按下<Alt>+<Shift>键的同时，水平拖动左页码图形到右页码位置，复制一个页码图形。

③ 设置"页码"位置。选中"左页码"，在"属性-对齐"面板中，勾选"对齐边距"，点击"左对齐"。选中"右页码"，在"属性-对齐"面板中，勾选"对齐边距"，点击"右对齐"。将左、右"页码"图形对齐，放置到距离页面下边缘6毫米位置；效果如图5-33所示。

图5-33

　　页码字体一般要比正文和页眉小。页码排版有多种形式，可位于页面正中，或在页边，与页边距对齐，或位于外切口。

（1）了解PANTONE

　　PANTONE，中文译名彩通、潘通，是一家因专门开发和研究色彩而闻名全球的权威机构。PANTONE已成为设计师、制造商、零售商和客户之间色彩交流的国际标准语言。在书籍排版设计中，一般要求使用PANTONE。

（2）PANTONE的设置方法

　　在"色板"面板右上角，点击"新建颜色色板"，在"新建颜色色板"对话框中，设置如图5-34所示，颜色模式：PANTONE+CMYK Coated，在下拉菜单中选择"PANTONE P 49-8 C"，点击"添加"，将该颜色添加到色板，在设置颜色时就可以找到该颜色色板，如图5-35所示。

图5-34　　　　　　　　　　　　　　　　　图5-35

　　为统一书籍设计风格，本项目的前言、目录标题、项目标题、页眉、页码图形、图释文本等，均使用同一颜色PANTONE P 49-8 C。本项目后面文本中如果没有特别标注，深红色即指PANTONE P 49-8 C。

（5）设置"页眉"

① 设置"左页眉"。

a. 点击"文本"工具，在页眉位置输入书名"InDesign版式设计"，在控制面板中设置"字符"如图5-36~图5-38所示，字体：思源黑体CN（Normal），大小：12点，字符间距：0，填充：深红色，描边：无。在控制面板中设置"段落"如图5-39所示，段落：双齐末行齐左。

b. 复制一个页码红色圆形到页眉位置，按下<Alt>+<Shift>键的同时，水平拖动圆形复制一个，连续两次按下<Ctrl>+<Alt>+<4>键，"多重复制"两个圆形。将四个圆形重组后与"InDesign版式设计"水平对齐，放置在左侧页边距辅助线内侧，距离上页边16毫米位置；效果如图5-40所示。

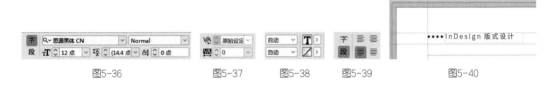

图5-36　　　　　图5-37　　　图5-38　　图5-39　　　　　图5-40

c. 用"矩形"工具绘制一个宽165毫米×高1毫米的矩形，填充深红色，放置在距离上页边23毫米位置。在矩形正中间，用"椭圆"工具绘制一个直径0.5毫米的红色圆形，按下<Alt>+<Shift>键的同时，水平拖动圆形复制一个；选择"编辑>多重复制"，在"多重复制"对话框中，设置如图5-41所示，计数：160，其他默认，点击"确定"，将超出红色矩形的圆点删除；将红色矩形与所有圆点选中编组。

d. 完成左页眉设置；效果如图5-42所示。

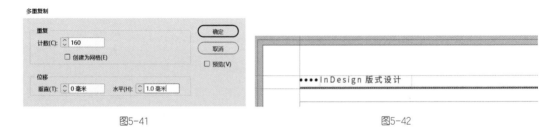

图5-41　　　　　　　　　　　　　图5-42

② 设置"右页眉"。

a. 选中左页眉所有图形，原位复制一组；如图5-43、图5-44所示，在控制面板左上角"参考点"，点击"中右"位置，再点击"水平翻转"，在页眉右侧得到一个水平镜像的右页眉；效果如图5-45所示。

b. 用"选择"工具选中右页眉文本，如图5-46、图5-47所示，在"参考点"点击"中心"位置，再点击"水平翻转"；用"文本"工具选中右页眉文本，在控制面板"段落"设置"右对齐"（图5-48）。

图5-43　图5-44　　　　　　　　　图5-45　　　　　　　图5-46　图5-47　　　图5-48

c.完成右页眉设置，效果如图5-49所示。

左、右页眉的完整设计效果如图5-50所示。

图5-49　　　　　　　　　　　　　　　图5-50

▶ 小贴士："页眉"设置规范

页眉一般设置在天头，也可设置在地脚或切口。页眉设置在天头时，一般在页面左侧设置书名，在页面右侧设置章节名。

▶ 微课助手 ◀
设置样章版式

任务5.3.2 设置样章主页

✏ 任务分析

主页决定了书籍设计正文的框架，一本书中不同的结构要应用不同的主页，如版权页-主页、目录-主页、正文-主页等，不同章节也要应用不同的主页。通过本任务的学习，掌握设置版权页-主页、目录-主页、项目-主页、页码样式、应用主页等的操作技能，完成样章主页设置。

🖋 任务实施

（1）设置"版权页-主页"

在"页面"面板空白处点击"右键"，选择"新建主页"。在弹出的"新建主页"对话框中，设置如图5-51所示，前缀：版权页，基于主页：主页-主页，页数：2，页面方向：竖向，点击"确定"；得到基于"无-主页"的"版权页-主页"，如图5-52所示。"版权页-主页"可应用于扉页、版权页、作者页等版式设置相同的页面；效果如图5-53所示。

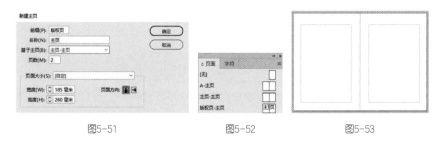

图5-51　　　　　　　图5-52　　　　　　　图5-53

（2）设置"目录-主页"

① 在"页面"面板空白处点击"右键"，选择"新建主页"。在弹出的"新建主页"对话框中，设置如图5-54所示，前缀：目录，基于主页：主页-主页，页数：2，页面方向：竖向，点击"确定"；得到基于"主页-主页"的"目录-主页"，如图5-55所示。"目录-主页"后期可应用于前言、目录等版式设置相同的页面。

② 在"页面"面板，双击"目录-主页"，进入"目录-主页"的页面进行编辑。点击"选择"工具，同时按下<Ctrl>+<Shift>键，点击右页眉，使其进入可编辑状态。用"文本"工具双击"InDesign版式设计"文本，选中文本将其替换为"目录"，完成"目录-主页"设置；效果如图5-56所示。

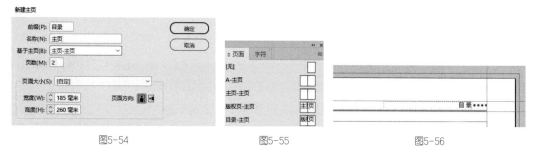

图5-54　　　　　　　　　　图5-55　　　　　　　　　　图5-56

（3）设置"项目-主页"

① 在"页面"面板空白处点击右键，选择"新建主页"。在弹出的"新建主页"对话框中，设置如图5-57所示，前缀：项目1，基于主页：主页-主页，页数：2，点击"确定"，得到基于"主页-主页"的"项目1-主页"；页面面板如图5-58所示。

② 在"页面"面板中双击"项目1-主页"，进入"项目1-主页"的页面进行编辑。点击"选择"工具，同时按下<Ctrl>+<Shift>键，点击右页眉，使其进入可编辑状态，用"文本"工具双击"InDesign版式设计"文本，将其替换为"项目1　揭开InDesign的神秘面纱"，完成"项目1-主页"设置；效果如图5-59所示。

③ 同理，设置其他4个项目的主页。

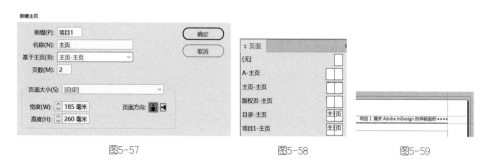

图5-57　　　　　　　　　　图5-58　　　　　　　　　　图5-59

（4）设置"页码样式"

① 设置"版权页"的页码样式。在"页面"面板的页面"2"上点击右键，选择"页码和章节选项"（图5-60）；在"页码和章节选项"对话框中，设置如图5-61所示，起始页码：2，样式：A，B，C，D…，其他为默认，点击"确定"。可以看到页面以"B，C，D，E…"命名；"页面"面板如图5-62所示。

图5-60　　　　　　　　图5-61　　　　　　　图5-62

② 设置"目录页"的页码样式。在"页面"面板的页面"I"上点击右键，选择"页码和章节选项"；在"页码和章节选项"对话框中，设置如图5-63所示，起始页码：1，样式：Ⅰ，Ⅱ，Ⅲ，Ⅳ...，点击"确定"。可以看到从页面"H"往后，页面以"Ⅰ，Ⅱ，Ⅲ，Ⅳ..."命名；"页面"面板如图5-64所示。

③ 设置"正文"的页码样式。在"页面"面板的页面"Ⅴ"上点击右键，选择"新建章节"；在"新建章节"对话框中，设置如图5-65所示，起始页码：1，样式：1，2，3，4...，点击"确定"。可以看到从页面"Ⅳ"往后，页面以"1，2，3，4...."命名；"页面"面板如图5-66所示。

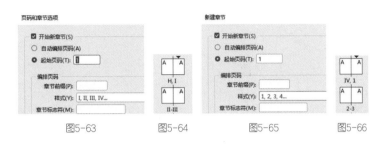

图5-63　　　　图5-64　　　　图5-65　　　　图5-66

▶ 小贴士："页码样式"设置规范 ┄┄┄┄┄┄┄┄┄┄┄┄┄┄┄┄┄┄┄┄┄┄

（1）"页码样式"设置作用

① 有助于后期正确设置文件导出。在InDesign中，文件"导出"时需要依据"页码样式"设置正确导出页面的页码，当"页码样式"重复时，无法设置导出文件，因此，需要将页码样式设置成不同的样式。

② 区分图书内容。可以根据图书的要求把目录、正文设置成不同的样式。在制作丛书时，可以根据需要设置不同的页码形式。

（2）页码样式设置原则

① 书籍的"版权页"一般包括扉页、版权页、编委会等，在成品中不显示页码和页眉。

② 书籍的"目录页"一般包含：编者的话（前言）、目录等，"目录页"的页码样式，需要与正文页码样式不同，"目录页"常规的页码样式是Ⅰ，Ⅱ，Ⅲ，Ⅳ...。

③ 书籍的"正文"页码样式是：1，2，3，4...，或01，02，03，04...，以阿拉伯数字开头。"正文"页码一般都是从书籍的右手页开始设置第一页。

（5）应用主页

① 为"封面"应用主页。如图5-67所示，在"页面"面板，拖动"A-主页"到B、C页面，将"A-主页"应用到B、C页面，从页面上可以看到应用后的B、C页面，没有版心、页眉、页码，这两页作为封面、封底设计用；效果如图5-68所示。

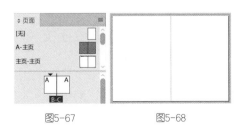

图5-67　　　　　　图5-68

② 为"版权页"应用主页。如图5-69所示，在"页面"面板，按住<Shift>键，同时选择页面"D-H"，点击右键，选择"将主页应用于页面"。在"应用主页"对话框中，设置如图5-70所示，应用主页：版权页-主页；于页面：D-H。从页面上可以看到，应用后的页面只有版心，没有页眉、页码；效果如图5-71所示。

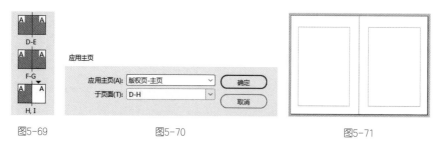

图5-69   图5-70   图5-71

③ 为"目录页"应用主页。如图5-72所示，在"页面"面板，按住<Shift>键的同时，选择页面"Ⅰ-Ⅳ"，点击右键，选择"将主页应用于页面"。在"应用主页"对话框中，设置如图5-73所示，应用主页：目录-主页；于页面：Ⅰ-Ⅳ。从页面上可以看到，应用后的页面有页眉、页面、版心；效果如图5-74所示。

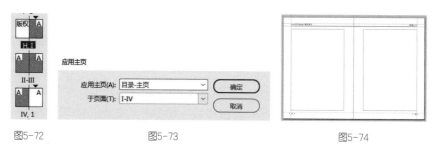

图5-72   图5-73   图5-74

④ 为正文应用主页。如图5-75所示，在"页面"面板，按住<Shift>键，同时选择页面"1-9"，点击右键，选择"将主页应用于页面"。在"应用主页"对话框中，设置如图5-76所示，应用主页：项目4-主页，于页面：1-9；效果如图5-77所示。

图5-75   图5-76   图5-77

微课助手
▶设置样章主页

任务5.3.3 设置样章正文

📝任务分析

通过本任务的学习，掌握置入文本、设置"段落样式"、应用"段落样式"、设置"复合字体"、设置"段首空两格"、调整正文段落样式、应用调整后的"正文"段落样式等操作技能，完成样章正文设置。

⚹ 任务实施

（1）置入文本

① 选择"文件>置入"命令，在"置入"对话框中，设置如图5-78、图5-79所示，勾选"显示导入选项"，取消"应用网格格式"；选择"制作设计作品集-样章文本素材"，点击"确定"，在"导入选项"对话框中，勾选"格式"下的"移去文本和表的样式和格式"，点击"确定"。

② 用"选择"工具，在页面"2"上，按住<Shift>键，当输入箭头出现"S"符号时，在页面版心的左上角点击，软件会自动按文本顺序置入该Word文档去掉图像和Word格式之后的所有文本内容；效果如图5-80所示。

图5-78   图5-79   图5-80

③ 取消Word文档自带的段落样式。分别打开"段落样式""字符样式"面板，检查是否有Word文档自带的段落样式，如果有Word文档自带的段落样式，要全部删除，否则会影响后期的样式设置。

（2）设置"正文"段落样式

① 选中"正文"文本框中两个以上的段落文本，在控制面板中设置字符，如图5-81~图5-83所示，字体：方正书宋简体（Regular），大小：10.5点，行距：17点，字体填充：黑色Y100；段落："双齐末行齐左"。

② 选择"窗口>样式>段落样式"，打开"段落样式"面板，点击"新建段落样式"；在"新建段落样式"对话框中点击"常规"，设置如图5-84所示，样式名称：正文，点击"确定"。

图5-81   图5-82 图5-83   图5-84

（3）应用"正文段落样式"

选择"文本"工具，在文本框中按下<Ctrl>+<A>键，选择"项目4样章"全部文本，在"段落样式"面板中点击"正文"段落样式，应用"正文段落样式"。

如果部分正文没有应用段落样式，在"正文"段落样式上点击右键，选择应用"正文"，清除所有格式，确定所有正文应用了"正文"段落样式；效果如图5-85、图5-86所示。

图5-85　　　　　　　　　　　　　　　　　　　　　　　图5-86

> ## 小贴士：正文文本设置规范
>
> ① 图书正文字体一般为宋体或黑体，以文字为主的书籍正文字体一般设置为宋体，因为宋体字笔画粗细对比强，适于长时间阅读，眼睛不易疲劳；正文字体大小一般为10.5点。
>
> ② 正文行距一般为字体大小的150%—200%，段落之间的距离要大于行距。
>
> ③ 正文排版时要避免出现孤字、孤行现象。

（4）设置"复合字体"

① 如图5-87所示，选择"文字>复合字体"命令，或按下组合键<Ctrl>+<Alt>+<Shift>+<F>，打开"复合字体编辑器"对话框；点击"新建"，打开"新建复合字体"对话框，设置如图5-88所示，名称"方正书宋简体+Minion Pro"，点击"确定"。

② 在"复合字体编辑器"对话框，设置如图5-89所示，"汉字、标点、符号"的字体为：方正书宋简体，设置"罗马字、数字"的字体为：Minion Pro，点击"存储"，点击"确定"。

③ 检验是否正确设置了复合字体。选择"文本"工具，如图5-90所示在控制面板"字体样式"中查找刚设置的复合字体："方正书宋简体+Minion Pro"。

图5-87　　　　　　　图5-88　　　　　　　　　　　图5-89　　　　　　　图5-90

> ## 小贴士：复合字体
>
> ### （1）复合字体的定义
>
> 复合字体是由特定的中文字体、标点及符号和特定的英文字体、数字组成的合成字体。

（2）设置复合字体的作用

由于有些中文字体库中设计的罗马字、阿拉伯数字不符合英文规范，当文本中既有中文又有英文时，会出现笔画粗细不一致、字符间距不规范等问题，复合字体可以规范处理中英文混排文本。

设置复合字体可以将文本内的所有中文和英文文字依照你所设置的字体分别显示。

（3）复合字体的设置规范

中西字体符号的搭配。在设置复合字体时，应选择中西文字体设计风格一致的字体，如宋体字体配罗马字体、黑体字配现代体、书法字体配装饰类字体。一般要先依据书籍内容确定好中文字体字符，再依据中文字符设置复合字体中的西文字符。

（4）复合字体的修改

复合字体如果设置错误或需要修改时，不能直接在原有复合字体对话框中修改，只能重新设置需要的复合字体，重修选择新设置的复合字体。

（5）复合字体的导入

在设计实践中，为提高效率，可以将InDesign文件中已设置好的复合字体，导入新的InDesign文件中。步骤如下：

① 在InDesign中，打开第一个建立正确复合字体的indd文件，同时打开第二个没有复合字体的indd文档。

② 在第二个文档中，选择"字体>复合字体"，打开"复合字体编辑器"，单击"导入"按钮，选择已经建好复合字体的第一个indd文档，导入。

③ 在第二个文档中，选择"文本"工具，在控制面板"字体样式"中可以找到刚导入的复合字体："方正书宋简体+Minion Pro"，说明导入复合字体完成。

（5）设置"段首空两格"

① 选择"文本>中文排版设置>基本"命令，或者按下<Ctrl>+<Shift>+<X>键，在弹出的"中文排版设置"对话框中，点击"新建"。

② 在"新建中文排版集"对话框中，设置如图5-91所示，名称：简体中文默认值+首行空两格，基于设置：简体中文默认值，点击"确定"。

图5-91

③ 回到"中文排版设置"对话框中，如图5-92所示，在"中文段首缩进"中，选择"2个字符"，点击"确定"；在"是否现在存储设置"对话框中，点击"是"。

图5-92

▶ **小贴士："段首空两格"的作用** ▪▪

在InDesign中，也可以使用其他方法设置首行缩进两格，如：段落中的首行缩进的数值设置或单击空格，但是这样设置的首行空两格，当字体及大小改变时，首行空两格会发生错位；每次改变文本的字体及大小时，还需要重新调整首行缩进的设置。

　　使用"中文排版设置"的首行空两格，无论字体及大小如何变化，都会保持标准的首行空两格。应用了"段首空两格"段落样式的文本，全文可以保持同样的设置。

（6）调整"正文"段落样式

　　① 选择"窗口>样式>段落样式"，打开"段落样式"面板；双击"正文"段落样式，在"段落样式选项"对话框中，如图5-93所示，点击"基本字符格式"，在字体系列中选择设置的复合字体：方正书宋简体+Minion Pro。

　　② 点击"日文排版设置"，如图5-94所示，在"中文排版"中选择"简体中文默认值+首行空两格"，点击"确定"，可以看到正文文本已经全部应用了调整过的"正文"段落样式。

图5-93　　　　　　　　　　　　　　　　　　　　　　　　图5-94

（7）应用调整后的"正文"段落样式

　　选择"文本"工具，在文本框中按下<Ctrl>+<A>键，选择"项目4样章"全部文本，在"段落样式"面板中点击"正文"段落样式。

　　如果正文没有应用段落样式，在"正文"段落样式上点击右键，选择应用"正文"，清除所有格式"，将正文设置为"正文"段落样式；效果如图5-95所示。

图5-95

任务5.3.4　设置篇章页样式

✏ **任务分析**

　　通过本任务的学习，掌握设置"1级标题"段落样式、设置"篇章页"段落样式等操作技能，完成篇章页样式设置。

任务实施

（1）设置"1级标题"段落样式

在章前页标题设计中，使用表格样式可以更好地统一标题样式。由于"1级标题"的序号和内容采用了不同字体，且放置在不同表格中，因此需要制作两个段落样式。

① 设置"1级标题"表格样式。

a. 用"选择"工具在空白页面点击后，选择"表>创建表"，在"创建表"对话框中，设置如图5-96所示，正文行：1，列：2，点击"确定"；拉出一个宽140毫米×高30毫米的表；调整表"列"宽到合适。

b. 用"文本"工具选中第一列，设置填充色：PANTONE P 49-8 C，描边：无；选中第二列，设置填充色：PANTONE P 48-1 C，描边：无；效果如图5-97所示。

c. 同时框选两列，在控制面板设置如图5-98所示，段落居中对齐，表格居中对齐。

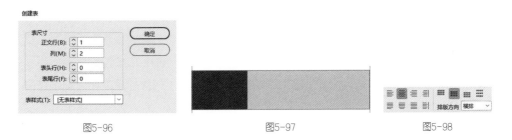

图5-96　　　　　　　　　　　图5-97　　　　　　　　　　图5-98

② 设置"1级标题序号"段落样式。

参考上一任务，设置"1级标题"复合字体：微软雅黑（Regular）+Arial。

a. 在第一列中粘贴文本"项目4"，在控制面板设置"字符"如图5-99、图5-100所示，字体：微软雅黑（Regular）+Arial，大小：24点，填充：白色，描边：无。

图5-99　　　　　　图5-100　　图5-101

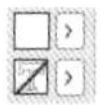

b. 在"段落"中，设置中文排版集：简体中文默认值；取消"篇扉页正文"设置的"简体中文默认值+段首空2格"（注意：本项目后面设置的文本，凡是不需要"段首空2格"的，都需要进行此设置）。

c. 在"段落"样式面板中点击"新建段落样式"，设置样式名称："1级标题序号"；用"文本"工具选中文本，点击"1级标题序号"段落样式，应用段落样式；效果如图5-101所示。

③ 设置"1级标题内容"段落样式。

a. 在第二列中粘贴文本"制作设计作品集"，在"属性"面板中，设置"外观"如图5-102、图5-103所示，字符：微软雅黑（Regular）+Arial，大小：24点，填充：PANTONE P 49-8 C，描边：白色，粗细：0.75点；双击"描边"，打开"描边"对话框，

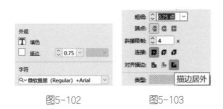

图5-102　　　　　图5-103

设置"对齐描边":描边居外;在"段落"中,设置中文排版集:简体中文默认值。

b. 在"段落"样式面板点击"新建段落样式",设置样式名称:"1级标题内容"。用"文本"工具选中文本,点击"1级标题内容"段落样式,应用段落样式;效果如图5-104所示。

④ 设置"库"。如图5-105所示,选择"文件>新建>库",新建一个"库"。将"1级标题表格"拖到"库"中,在"项目信息"对话框中设置项目名称:1级标题,对象类型:文本,如图5-106所示。"库"可以存放文件中常用的符号、图形、表格等,在不同章节排版需要使用时,从"库"中拖出即可。

图5-104　　　　　　　　　图5-105　　　　图5-106

⑤ 设置"定位对象"。同时按下<Ctrl>+<C>键,复制"1级标题表格",点击"文本"工具,将光标插入章前页文本框,在"属性-段落"面板,设置中文排版集:简体中文默认值;单击8次<Enter>键;同时按下<Ctrl>+<V>键,将制作的"1级标题表格"粘贴进来,使其成为"定位对象"。把"1级标题表格"设置为"定位对象"后,表格会跟随其他文本变化一起移动位置,后期调整时,不会出现文本位置错乱的情况。

⑥ 取消篇扉页页码。同时按下<Ctrl>+<Shift>键,点击页码"1"及红色圆点,使其进入可编辑状态,删除页码"1"及红色圆点,完成"篇章页"设置。

(2)设置"篇章页"段落样式

① 设置"篇章页标题"段落样式。

a. 用"文本"工具选中"项目概述",在"属性"栏中,设置如图5-107、图5-108所示,字符:微软雅黑(Regular)+Arial,大小:14点,行距:30点,字距:200,填充:黑色,描边:无。在"段落"中,设置居中对齐,段前距:2毫米,中文排版集:简体中文默认值。

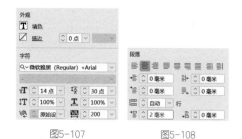

图5-107　　　　　　图5-108

b. 在"段落"样式面板点击"新建段落样式",在"新建段落样式"对话框中设置样式名称:篇章页标题;用"文本"工具选中文本,点击"篇章页标题"段落样式,应用段落样式。

② 设置"篇章页正文"段落样式。选择"项目概述"的文本,调整行距为20,在"段落样式"面板点击"新建段落样式"。在"新建段落样式"对话框中,设置如图5-109所示,样式名称:篇章页正文,基于:正文。将"项目概述"文本应用段落样式;效果如图5-110所示。

③ 设置"项目导航"页。将"项目导航"设置为段落样式"篇章页标题",将鼠标放置在"项目导航"后,按下<Enter>键换行,保证光标位置所在段落居中对齐;置入"项目

导航"图片，用"自由变换工具"等比例调整大小到合适；效果如图5-111所示。

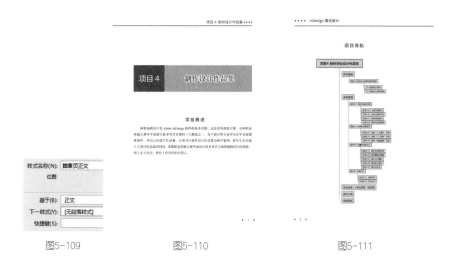

图5-109　　　　　图5-110　　　　　图5-111

▶ 小贴士：1级标题是否必须做段落样式

　　有些书的1级标题出现次数比较少，是否可以不做段落样式，手动调整段落样式就可以？

　　1级标题必须做段落样式。在书籍排版后期进行调整时，只需要修改"1级标题"段落样式，所有应用了"1级标题"段落样式的文本可以自动修改。因此，每一级标题都需要设置段落样式。

▶ 微课助手 ◀
设置篇章页样式

任务5.3.5 设置标题及图释的段落样式

📝 任务分析

　　标题段落样式是确定书籍正文层级结构的基础。通过对项目1的阅读，可以确定本书标题分5级。1级标题：项目标题；2级标题：知识准备、实训任务、举一反三、知识拓展、项目小结、项目测试等，2级标题内容：2级标题中的具体内容，如模块标题等；3级标题：知识准备下的标题、任务标题等；4级标题：任务分析、任务实施、小贴士等；5级标题：正文中的小标题等。篇扉页需要单独做一套段落样式：篇扉页正文、篇扉页标题，用于"项目概述、项目导航、教学目标"等标题。图像的说明文字——图释，需要做一个段落样式。因此，本书需要做1个正文段落样式、5个标题段落样式、2个篇扉页段落样式、1个图释段落样式等。其中，正文段落样式、1级标题段落样式、篇扉页标题和正文的段落样式前面已经设置过了。

　　通过本任务的学习，掌握设置"2级标题"段落样式、"教学目标"项目符号、"3级标题"段落样式、"4级标题"段落样式、"5级标题"段落样式、"图释"段落样式等操作技能，完成标题及图释的段落样式设置。

🖋 **任务实施**

（1）设置"2级标题"段落样式

① 设置"2级标题"基本段落样式。

a．选中文本"知识准备"，在"字符"面板设置如图5-112所示，字体：方正大标宋简体（Regular），大小：18点，行距：60点，填充：深红色，字符间距：500。如图5-113所示，在"段落"面板设置段前距：10毫米，居中对齐；中文排版集：简体中文默认值。

图5-112　　　　　图5-113 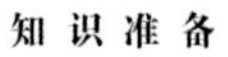　　　　图5-114

b．在"段落样式"面板点击"新建段落样式"，设置样式名称："2级标题"。用"文本"工具选中文本，点击"2级标题"，应用段落样式。效果如图5-114所示。

② 设置"2级标题"段前线。在"段落样式选项"对话框中勾选"预览"。点击"段落线"，设置如图5-115所示，选择"段前线"，勾选"启用段落线"，设置粗细：28点，颜色：深红色，类型：实线，宽度：栏，位移：-2.5毫米，左缩进：93毫米，右缩进：46.6毫米。

③ 设置"2级标题"段后线。在"段落线"对话框中，设置如图5-116所示，选择"段后线"，勾选"启用段落线"，设置粗细：28点，颜色：深红色，类型：实线，宽度：栏，位移：-7.5毫米，左缩进：48毫米，右缩进：91.6毫米；效果如图5-117所示。

④ 在"项目导航"的图片下面，按<Enter>键换行，设置1级标题（知识准备）与上页边距的距离。

图5-115

图5-116

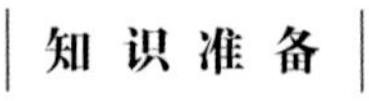

知 识 准 备

图5-117

（2）设置"2级标题内容"段落样式

① 设置"2级标题内容"基本段落样式。

a．选中文本"模块4.1版式设计程序和视觉流程"，在"属性"面板"字符"中，设置如图5-118所示，字体：方正大标宋简体（Regular），大小：18点，行距：48点，填充：深红色，字符间距：0。

b．如图5-119所示，在"属性"面板的"段落"选项中，设置段落：居中对齐，段前距：8毫米，段后距：4毫米；在"中文排版"中，选择"简体中文默认值"。

c. 在"段落样式"面板中点击"新建段落样式"，设置样式名称："2级标题内容"。

d. 双击"2级标题内容"段落样式，打开"段落样式选项"对话框，点击"字符颜色"，设置如图5-120所示，文本填充色为红色，描边为白色粗细1点，对齐描边：描边居外；效果如图5-121所示。

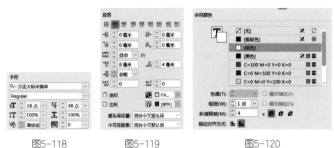

图5-118　　　　图5-119　　　　　　图5-120　　　　　　图5-121

② 设置"2级标题内容"段落底纹。双击"2级标题内容"段落样式，打开"段落样式选项"对话框，勾选"预览"。点击"段落底纹"，设置如图5-122所示，勾选"底纹"，设置颜色：深红色，取消位移链接，设置位移（位移数值依据实际情况调整），上：-2毫米，下：2毫米，左：6毫米，右：6毫米；顶部边缘：行距，底部边缘：全角字符，宽度：文本；点击"确定"。

③ 设置"2级标题内容"段落线。在"段落样式选项"对话框中，点击"段落线"，设置如图5-123所示，选择"段后线"，勾选"启用段落线"，设置粗细：3点，颜色：深红色，类型：点线，位移：-1毫米（位移数值依据实际情况调整），左缩进：0毫米，右缩进：0毫米。

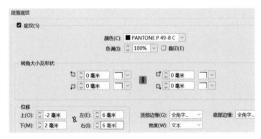　　　　　　

图5-122　　　　　　　　　　　　图5-123

④ 用"文本"工具选中文本"模块4.1版式设计程序和视觉流程"，点击"2级标题内容"，应用段落样式。设置完成后的"2级标题内容"效果，如图5-124所示。

图5-124

（3）设置"教学目标"项目符号

① 制作"项目符号"。

a. 用"矩形"工具绘制一个宽4毫米×高4毫米的正方形，在"属性"面板的"外观"中，设置如图5-125所示，描边：红色，粗细：0.5点，边角：反向圆角、8毫米，制作一个"星型"项目符号；效果如图5-126所示。

b. 将"星型"项目符号拖动到库，在项目信息中设置项目名称：星型，对象类型：文本。可以看到库中添加了一个"星型项目符号"；"库"面板如图5-127所示。

图5-125　　图5-126　　图5-127

② 设置"定位对象"。

a. 同时按下<Ctrl>+<C>键，复制"星型"项目符号，点击"文本"工具，将光标插到教学目标每段文本前，同时按下<Ctrl>+<V>键，粘贴"星型项目符号"，使其成为"定位对象"。"星型"项目符号作为"定位对象"可以和文本一起设置大小、颜色，会跟随文本一起移动，避免后期文本调整时位置出现变化。

b. 用"文本"工具选择"教学目标"下所有文本，在菜单栏选择"对象>定位对象>选项"；在打开的"定位对象选项"对话框中，设置如图5-128所示，勾选"预览"，位置：自定，勾选"相对于书脊"，定位对象-参考点：书脊右下角，定位位置-参考点：书脊中，X相对于：页边距，X位移：0毫米；Y相对于：行（基线），Y位移：0毫米；点击"确定"。

完成后，选中教学目标正文文本，再次应用"篇章页正文"段落样式；效果如图5-129所示。

图5-128　　　　　　　　　　　　　　图5-129

（4）设置"3级标题"段落样式

① 选中文本"4.1.1版面设计程序"，在"属性"面板设置"字体"：方正小标宋，14点，行距30点；填充色：深红色；设置"段落"，居中对齐，段前距：8毫米，段后距：4毫米，点击"日文排版设置"，在"中文排版"中，选择"简体中文默认值"。

② 在"段落样式"面板点击"新建段落样式"，设置样式名称：3级标题。用"文本"工具选中文本"4.1.1版面设计程序"，点击"3级标题"段落样式，应用段落样式；效果如图5-130所示。

4.1.1 版面设计程序

图5-130

（5）设置"4级标题"段落样式

① 选中文本"导入"，在"属性"面板设置"字体"：方正小标宋，12点，行距17点；设置"外观"，填充色：深红色，段前距：4毫米，段后距：2毫米。

② 在"段落样式"面板点击"新建段落样式"，设置样式名称：4级标题。用"文本"工具选中文本"导入"，点击"4级标题"段落样式，应用段落样式；效果如图5-131所示。

（6）设置"5级标题"段落样式

① 选中文本"1.草图"，在"属性"面板设置"字体"：方正小标宋，10.5点，行距17点。段前距：2毫米，段后距：0毫米。

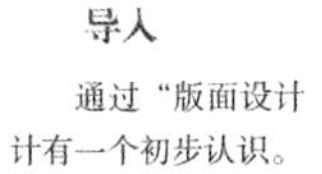

② 在"段落样式"面板点击"新建段落样式"，设置样式名称：5级标题。用"文本"工具选中文本"1.草图"，点击"5级标题"段落样式，应用段落样式；效果如图5-132所示。

（7）设置"图释"段落样式

① 选中文本"图4-1"一行，在"属性"面板设置字体不变，大小：8点，填充色：深红色；在"属性"面板设置"段落"，居中对齐，段后距：1毫米；点击"日文排版设置"，在"中文排版"中，选择"简体中文默认值"。

② 在"段落"样式面板点击"新建段落样式"，设置样式名称："图释"。用"文本"工具选中"图4-1"文本，点击"图释"段落样式，应用段落样式；效果如图5-133所示。

导入
通过"版面设计计有一个初步认识。

图5-131

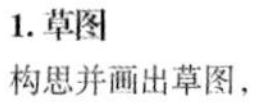

1.草图
构思并画出草图，
图5-132

图4-1
图5-133

▶ **小贴士：图释的设置**

　图释可以采用编号的方法自动编号，但是当图形修改时，容易出现失误，一般还是使用书稿中原有的图释名称更加安全。

▶ **小贴士：标题段落样式设置规范**

（1）标题段落样式设置原则

① 标题文字宜采用较粗的字体；不同级别标题字体的大小、粗细，应逐级递减。

② 正文排版顺序：先将该章的所有文本应用"正文"段落样式，然后逐级应用标题段落样式。所有文本设置好，再插入图像。

（2）标题段落样式设置方法

常用的段落样式设置方法有两种：一是先设置好字体、行距等，再命名为**段落样式；二是直接在段落样式面板设置名称、字体、行距等。

一般情况下，初学者常采用前一种方法，这种方法可以更直观地看到字体大小、行距是否合适；有一定设计经验后，可以采用后一种设计方法，直接确定合适的字体名称、大小、行距等。

▶ **微课助手** ◀
设置标题及图释的
段落样式

任务5.3.6 ▎完成样章设置

✒ **任务分析**

制作样章的目的是确定一个完整的章节排版样式，供客户审稿、确定版式，以作为其他章节排版的模板。设计师一般应选择一个有代表性的、结构完整的章节制作成样章，样章一般要制作6—10页，制作3种以上不同样式；打印出样稿，供客户审稿、选择。客户对样章签字确认后，一般不允许再做大的调整。本书项目4结构完整，便于客户确定样章样式，故以此项目为例制作样章。

本书有大量的图像，它们大小不一、背景色不统一，需要为图像做一个对象样式，以统一风格。

通过本任务的学习，掌握设置样章的文本、样章"图像框架"对象样式、样章图像、导出样章等操作技能，完成样章设置。

🖊 **任务实施**

（1）完成样章的文本设置

分别选中样章项目4正文3-9页中的1—5级标题、图释等文本，并将其一一应用相应的段落样式，完成7页样章文本设置；效果如图5-134、图5-135所示。

图5-134   图5-135

（2）设置样章"图像框架"对象样式

① 选择"矩形框架"工具，在页面空白区域拉出一个矩形框架；选择"窗口>样式>对象样式"命令，打开"对象样式"面板，点击"新建对象样式"。在"新建对象样式"对话框中，设置样式名称：图像框架；点击"填色"，设置：无；点击"描边"，设置：无，如图5-136所示，无。

② 点击"框架适合选项"，在"框架适合选项"对话框中，设置如图5-137所示，勾选"自动调整"，适合：按比例适合内容，对齐方式：中心点。

图5-136   图5-137

③ 选中矩形框架，应用"图像框架"对象样式。

（3）设置样章图像

打开书稿的Word文档，查看书稿中图像的位置，对应设置图像。

① 置入一个图像。将鼠标放置在图释的上一行，设置中文排版集：简体中文默认值，复制并粘贴设置好的图像框架。选择"文件>置入"，选择对应的图像，"置入"图像。选中图像，点击"图像框架"对象样式，应用对象样式。选择"图释文本"，应用段落样式，将图释文本置于图像下方中心位置；效果如图5-138所示。

② 置入多个图像。

a. 选择"矩形"工具，在页面空白区域绘制一个宽140毫米×高48毫米的矩形，如图5-139所示。在控制面板设置填充：PANTONE P 179-3 C，描边：无。复制矩形，将鼠标插入图释上方，设置中文排版集：简体中文默认值；按4次<Enter>键换行，粘贴矩形；效果如图5-140所示。

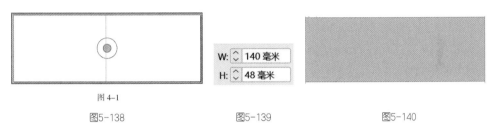

图 4-1

图5-138　　　　　　　　　　图5-139　　　　　　　　　　图5-140

b. 选择"矩形框架"工具，拉出一个与文本框同宽、合适高度框架的同时，不要松开鼠标，点击键盘上的"右向"箭头，框架会自动均分为三个同等大小的矩形框架，效果如图5-141所示。

c. 选择"文件>置入"，按住<Shift>键的同时，选中需要的多个图像，分别在三个矩形框中点击，依次分别置入三个图像。在"对象样式"面板，点击"图像框架"对象样式，应用对象样式。

d. 选择"图释文本"，应用"图释"段落样式，并将三个图释文本分别置于图像下方中心位置；效果如图5-142所示。

e. 同理，将页面3-9页所有图像置入、排版；效果如图5-143所示。

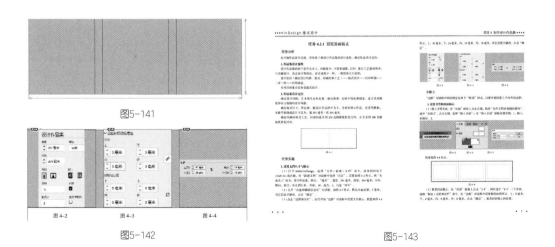

图5-141

图 4-2　　　图 4-3　　　图 4-4

图5-142　　　　　　　　　　　　　图5-143

（4）导出样章

① 同时按下<Ctrl>+<E>键，打开"导出"对话框，设置如图5-144所示，选择文件保存位置，设置文件名：InDesign版式设计样章，保存类型：Adobe PDF（打印）。

② 在导出Adobe PDF（打印）对话框中，设置如图5-145所示，范围：1-9，品质：高，分辨率：300。在"标记和出血"中，取消全部选项。

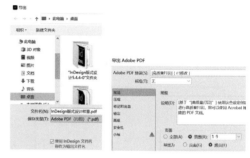

图5-144　　　　　　　图5-145

⚒ 举一反三

一本书的"样章"一般要设计2—3种排版形式供客户选择，请使用同样的素材再设计2种不同风格的样章。

▶ 微课助手 ◀
完成样章设置

模块5.4　完成全书排版

◈ 教学目标

1. 正确描述书籍排版全流程，完成不同格式的段落样式的应用。

2. 掌握完成正文排版、设置目录页面、设计封面、设置其他页面等操作技能，以及封面、封底、扉页、版权页、作者页、前言等的常规设置。

3. 具备精益求精、一丝不苟的职业精神。

任务5.4.1 完成正文排版

任务分析

通过本任务的学习，掌握应用"正文"段落样式、设置篇扉页、应用"标题"段落样式、应用"图释"段落样式、设置"教学目标"项目符号、设置其他篇扉页、置入图像、应用对象样式、应用项目-主页等操作技能，完成正文排版。

任务实施

（1）应用"正文"段落样式

① 设置Word文档。如果客户给的文稿是分项目的，要先将所有项目粘贴到一个Word文档中。

② 设置页面。为便于后期应用段落样式，需将前期设置的样章调整成一个保留段落样式的indd.格式空文档。

a. 复制一个"InDesign版式设计样章"文件夹，重命名为"InDesign版式设计"。打开"InDesign版式设计"文件夹中的源文件，在"页面"面板，按住<Shift>键，同时选中"页面1"后的所有页面，点击右键，选择"删除页面"。

b. 在"页面"面板点击右键，选择"插入页面"，在"插入页面"对话框设置如图5-146所示，页数：170，插入：页面后、IV，主页：项目4-主页，点击"确定"。

③ 设置页码：在"项目4"页面，点击右键选择"页码和章节选项"，在"新建章节"对话框中，设置如图5-147所示，勾选"开始新章节"，设置起始页码：1，样式：1，2，3，4…，点击"确定"。

图5-146　　　　　　　　　　　图5-147

④ 应用"正文"段落样式。参考样章正文设置方法，置入设置好的Word文档书稿。

a. 在"段落"样式面板选择"正文"。选择"文件>置入"命令，在"置入"对话框中，勾选"显示导入选项"，取消"应用网格格式"，选择"项目4"文本，点击"确定"。在"导入选项"对话框中，勾选"格式"下的"移去文本和表的样式和格式"，点击"确定"。

b. 点击"选择"工具，在页面"1"上，按住<Shift>键，当输入箭头出现"S"符号时，在页面版心的左上角点击，软件会自动按文本顺序置入该Word文档去掉图像和Word格式之后的所有文本内容。

c. 按住<Ctrl>+<A>键，选中所有文本，应用"正文"段落样式。"正文"段落样式的后面有"+"时，按住<Alt>键，再次点击"正文"段落样式，清除原有格式，应用"正文"段落样式。

⑤ 由于置入文本时把Word文档格式删除了，"项目测试"中填空题的下划线取消了，文本设置完成后，将下划线补充上。

（2）设置篇章页

由于正文未设置完成，所以无法确定每个项目有多少页码，无法设置篇章页。一般是先设置完所有正文的文本、图像，再设置"篇章页"。学生的练习作业，可以只设置正文中一个项目的内容，但每个项目的篇章页必须全部设置完成，否则后期无法正常设置目录。

① 设置项目1篇章页。

a. 设置"1级标题"。选择"文件>打开>库"命令，找到上次保存的"库"，打开"库"面板。点击"选择"工具，从"库"面板拖出"1级标题"表格。

b. 按下<Ctrl>+<C>键，复制"1级标题"表格；点击"文本"工具，将光标插入页面"1"；单击三次<Enter>键，设置三个空行的位置，按下<Ctrl>+<V>键，粘贴"1级标题"表格。

c. 将项目1的篇章页标题"项目1 揭开Adobe InDesign的神秘面纱"复制到"1级标题"表格中，并一一对应，应用"篇章页序号""篇章页内容"等段落样式。

② 设置"1级标题目录用"段落样式。

a. 由于1级标题的序号和内容的段落样式是分别设置的，在制作目录时，不能同时选择两个段落样式。在每个项目的篇章页上需要一个完整的1级标题文本，设置为"1级标题目录用"段落样式，作为目录制作辅助用，等全书设置完成后再删除。

b. 用"文本"工具选中章前页的"项目1 揭开Adobe InDesign的神秘面纱"，在"段落"样式面板点击"新建段落样式"，设置样式名称："1级标题目录用"。

c. 用"文本"工具选中文本，点击"1级标题目录用"段落样式，应用段落样式；效果如图5-148所示。

③ 参考样章，设置"项目导航"页面，效果如图5-149所示。

图5-148　　　　　　　　　　　　图5-149

（3）应用"标题"段落样式

① 应用"2级标题"段落样式。

a. 选择"文本"工具，将光标插入"知识准备"前，单击<Enter>键插入换行符。同时按下<Ctrl>+<F>键，打开"查找/更改"对话框，如图5-150、图5-151所示，点击"GREP"设置，在"查找内容"后点击"@"，选择"位置"，点击"段首"。

b. 在"查找内容"后输入文本"知识准备"，再次点击"@"，选择"位置"，点击"段落结尾"。最终在"查找内容"后输入的文本为："^知识准备$"。

c. 设置"搜索"：文档；"方向"：向后。点击"更改格式"下的方框，打开"查找格式设置"对话框，设置如图5-152所示，点击"样式选项"，在"段落样式"中，选择"2级标题"段落样式。

d. 在"查找/更改"对话框，点击"全部更改"，对话框提示：5处替换已完成，说明5个项目的"知识准备"都已经应用"2级标题"段落样式；点击"完成"；最终设置如图5-153所示。

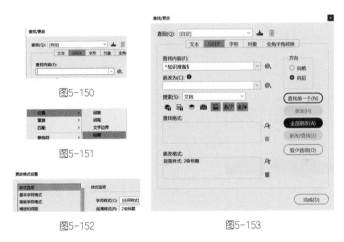

图5-150

图5-151

图5-152

图5-153

e. 同理，将"教学案例、举一反三、职业素养、项目小结、项目测试"等文本，应用"2级标题"段落样式；效果如图5-154所示。

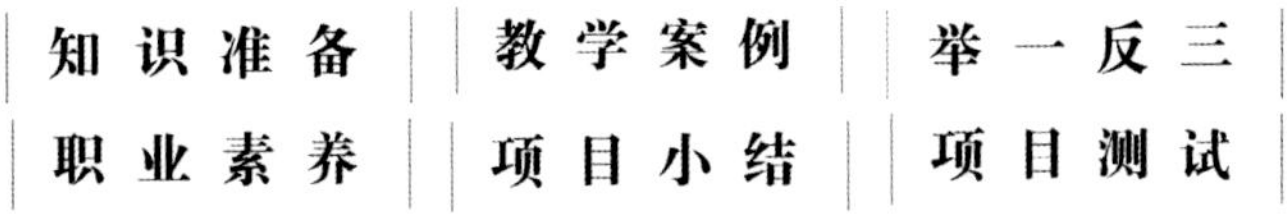

| 知 识 准 备 | 教 学 案 例 | 举 一 反 三 |
| 职 业 素 养 | 项 目 小 结 | 项 目 测 试 |

图5-154

② 应用"2级标题内容"段落样式。

a. 设置"职业素养"下的"2级标题内容"。同时按下<Ctrl>+<F>键，打开"查找/更改"对话框，点击"GREP"设置，在"查找内容"后点击"@"，选择"位置"，点击"段首"；再次点击@，选择"通配符"，点击"任意数字"，输入"."再次选择"通配符-任意数字"；再次选择"通配符-任意汉字"；最终在"查找内容"下输入的文本为：^\d.\d[\l\u]；最终设置如图5-155所示。

b. 设置"搜索"：文档；"方向"：向后。点击"更改格式"下的方框，打开"查找格式设置"对话框，点击"样式选项"，在"段落样式"中，选择"2级标题内容"段落样式。在"查找/更改"对话框，点击"全部更改"；点击"完成"。

c. 同理，设置"知识准备""教学案例"下的模块"2级标题内容"。在"查找内容"下输入的文本为：^模块\d.\d；最终设置如图5-156所示。

图5-155 　　　　　　　　　　　　　　图5-156

最终效果如图5-157、图5-158所示。

图5-157 　　　　　　　　　　　　　　图5-158

▶ 小贴士：如何解决段落底纹高度不一致的问题 ▬▬▬▬▬▬

由于中英文字体以及文字多少的问题，会出现底纹的高度不一致的情况，如图5-159所示。

解决方案：在"段落样式"面板"2级标题内容"上点击右键，选择"直接复制样式"（图5-160）。用"文本工具"选中"模块1.2 掌握InDesign图形组合技能"，应用"2级标题内容副本"段落样式。在"2级标题内容副本"上点击右键选择"编辑2级标题内容副本"。

图5-159 　　　　　　　　　　　　　　图5-160

在打开的"段落样式"对话框中，设置如图5-161所示，基于：2级标题内容，点击"段落底纹"，设置位移：上，1毫米，下，-1毫米，其他不变；调整后的效果如图5-162所示。

位移
上(O): 1 毫米　左(E): 6 毫米
下(M): -1 毫米　右(I): 6 毫米

图5-161　　　　　　　　　　图5-162

其他"2级标题内容"如果出现同样问题，同理进行设置。

▶ **小贴士：如何解决文本多行问题**

部分2级标题的文字较多时，会出现标题排版占用2行，与其他标题不统一的情况。

解决方法：用"文本"工具选中文本，在控制面板设置字符"水平缩放"：80%，尽可能使文本调整为一行。

③ 应用"3级标题"段落样式。

a. 设置"知识准备"下的"3级标题"。同时按下<Ctrl>+<F>键，打开"查找/更改"对话框，点击"GREP"设置，在"查找内容"后点击"@"，选择"位置"，点击"段首"；再次点击@，选择"通配-任意数字"，复制粘贴"1.1.1"数字之间的点；第二次选择"通配符-任意数字"，第二次复制粘贴"1.1.1"数字之间的点；第三次选择"通配符-任意数字"，选择"通配符-任意汉字"；最终在"查找内容"下输入的文本为：^\d.\d.\d~K。如果"1.1.1"的后面是字母，则需要输入：^\d.\d.\d[\l\u]。

b. 设置"搜索"：文档；"方向"：向后。点击"更改格式"下的方框，打开"查找格式设置"对话框，点击"样式选项"，在"段落样式"中，选择"3级标题"段落样式。在"查找/更改"对话框，点击"全部更改"；点击"完成"；最终设置参数如图5-163所示。

c. 同理，设置"教学案例"下的"3级标题内容"。在"查找内容"中输入文本：^任务\d.\d.\d，设置参数如图5-164所示。最终效果如图5-165、图5-166所示。

图5-163

图5-164

1.1.1 认识 InDesign

图5-165

任务 1.2.1 组合可爱柠檬

图5-166

因后期设置目录时需要使用1—3级的段落样式，全文的1—3级标题必须全部应用段落样式，并要反复检查，不能出现错误。

④ 应用4级标题、篇章页-标题的段落样式。

a. 应用4级标题段落样式。同时按下<Ctrl>+<F>键，打开"查找/更改"对话框，点击"GREP"设置，在"查找内容"下分别输入：^任务分析$、^任务实施$，在"更改格式"中选择"4级标题"，设置参数如图5-167所示。

b. 应用"项目概述、项目导航、教学目标"段落样式。在"查找内容"下分别输入：^项目概述$、^项目导航$、^教学目标$，在"更改格式"中选择"篇章页-标题"，设置参数如图5-168所示。

c. 同理，应用"微课助手"段落样式。

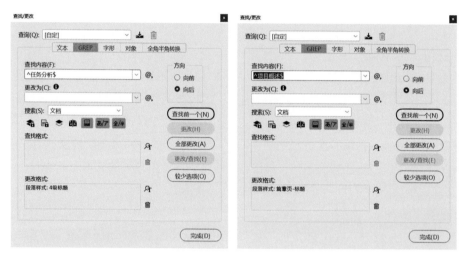

图5-167　　　　　　　　　　　　　　　　　图5-168

效果如图5-169、图5-170所示。

任务分析　　任务实施　　　**项目概述　项目导航　教学目标**

图5-169　　　　　　　　　　　　　图5-170

⑤ 设置"教学目标"项目符号。

a. 插入"星型"项目符号。点击"选择"工具，从"库"面板拖出"星型"项目符号。按下<Ctrl>+<C>键，复制"星型"项目符号；点击"文本"工具，将光标插到教学目标下的文本前；按下<Ctrl>+<V>键，粘贴"星型"项目符号，效果如图5-171所示。

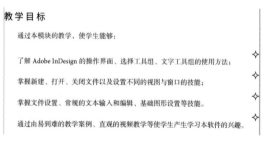

图5-171

b. 为"星型"项目符号设置定位对象。由于"星型"项目符号所处的左右页面不一样，会出现位置不正确的情况，需要设置定位对象。

c. 用"文本工具"选择"教学目标"下所有文本，在菜单栏选择"对象>定位对象>选项"；在打开的"定位对象选项"对话框中，设置如图5-172所示，勾选"预览"，位置：自定，取消"相对于书脊"，定位对象-参考点：右下角，定位位置-参考点：左中，X相对于：页边距，X位移：-4毫米；Y相对于：行（基线），Y位移：0毫米；点击"确定"；效果如图5-173所示。

图5-172   图5-173

⑥ 应用5级标题段落样式。

a. 同时按下<Ctrl>+<F>键，打开"查找/更改"对话框，点击"GREP"设置，在"查找内容"下输入位置-段首、通配符-任意数字、"."、通配符-任意汉字，查找内容为：^\d.~K；"更改格式"选择"5级标题"，设置"搜索"：文档；"方向"：向后，点击"全部更改"，点击"完成"；设置如图5-174所示，效果如图5-175所示。

b. 同理，设置含有英文的5级标题，查找内容为：^\d.[\l\u]；设置如图5-176所示，效果如图5-177所示。

c. 同理，设置"小贴士"为5级标题。

图5-174   图5-175

图5-176   图5-177

（4）应用"图释"段落样式

① 常规"图释"段落样式的应用。

a. 如图5-178所示，同时按下<Ctrl>+<F>键，打开"查找/更改"对话框，点击"GREP"，在"查找内容"后点击"@"，找到"位置"，点击"段首"，输入文本"图"，在@后，找到"通配符"，点击"任意数字"，输入"-"，再次点击"通配符-任意数字"；最终在"查找内容"下输入文本：^图\d-\d。

b. 设置搜索：文档；方向：向后。点击"更改格式"在"查找格式设置"对话框中，点击"样式选项"，在"段落样式"中，选择"图释"段落样式。在"查找/更改"对话框，点击"全部更改"，点击"完成"；效果如图5-179所示。

图5-178

图3-74　　图3-75　　图3-76　　图3-77　　图3-78

图5-179

② 特殊"图释"段落样式的应用。

a. 部分"图释"前面有空格，没有应用段落样式。由于不能确定空格的格式和数量，可以复制文本中"图"前面的空格，粘贴在"^图\d-\d"中的"图"前面；参考5级标题应用段落样式的方法，复制粘贴多个空格，然后逐级递减，直至所有文本的图释都应用了图释段落样式。

b. 部分段落文本中有和"图释"一样的说明性文字，且在段首，被应用了"图释"段落样式。需要用"文本"工具选中问题文本，将其应用为"正文"段落样式。

所有正文段落样式设置完成后，认真将全文检查一遍，是否有错误、遗漏；将有问题的标题文本进行重新设置。

（5）设置其他篇章页

参考项目1篇章页的设置方法，设置其他几个项目的篇章页；效果如图5-180所示。

由于正文排版结束前无法确定每个项目有多少页码，一般是先设置好前一个项目的所有正文文本、图像等段落样式，再设置下一个项目的"篇章页"，以免打乱图片顺序。

每个篇章页上的项目名称必须应用"1级标题目录用"段落样式，否则后期无法正常设置目录。

（6）置入图像，应用对象样式

参照"InDesign版式设计样章"的图像设置方法，

图5-180

把图像一一置入。由于课堂时间有限，学生练习时可以只完成"模块1.2"的图像设置。

（7）应用项目-主页

① 所有文本图像设置完成后，在"页面"面板，按住<Shift>键，同时选择"项目1"所有页面，点击右键，选择"将主页应用于页面"，在"应用主页"对话框，设置如图5-181所示，应用主页：项目1-主页，于页面：1-21；点击"确定"。

② 同理，将其他项目的页面应用主页。

图5-181

任务5.4.2 设置目录页面

✎ 任务分析

通过本任务的学习，掌握制作"目录页码"字符样式、制作"目录1级标题"段落样式、制作"目录2级标题"段落样式、制作"目录3级标题"段落样式、设置目录、调整目录等操作技能，完成目录页面设置。

✎ 任务实施

（1）制作"目录页码"字符样式

① 设置"目录页码红1"。在"字符样式"面板上，点击右键，选择"新建字符样式"，在"字符样式"对话框中设置如图5-182所示，样式名称：目录页码红1，字体系列：微软雅黑（Regular）+Arial，大小：14点，行距：24点，字符颜色：深红色，描边：无。

图5-182

② 设置"目录页码红2"。在"字符样式"面板上，点击右键，选择"新建字符样式"，在"字符样式"对话框中设置如图5-183所示，样式名称：目录页码红2，字体系列：方正书宋简体+Minion Pro，大小：12点，行距：18点，字符颜色：深红色，描边：无。

③ 设置"目录页码黑"。在"字符样式"面板上，点击右键，选择"新建字符样式"，在"字符样式"对话框中设置如图5-184所示，样式名称：目录页码黑，字体系列：方正书宋简体+Minion Pro，大小：12点，行距：18点，字符颜色：黑色，描边：无。

图5-183

图5-184

（2）制作"目录1级标题"段落样式

① 在"段落样式"面板上，点击右键，选择"新建段落样式"，在"段落样式"对话框中，设置如图5-185所示，样式名称：目录1级标题，字体系列、样式：微软雅黑（Regular）+Arial，大小：14点，行距：24点，字符颜色：深红色，描边：无。

② 点击"缩进和间距"，设置如图5-186所示，对齐方式：左，段前距：5毫米，段后距：0毫米。

图5-185　　　　　　　　　　　　　　　　　图5-186

③ 点击"制表符"，在"制表符"对话框中，设置如图5-187所示，点击"右对齐"制表符图标，在标尺上单击确定定位符位置，也可以在"X"处输入：135毫米，准确设置定位符位置；在前导符选项中，选择"文字>插入特殊>符号>省略号"，输入：省略号(…)；点击"确定"。

图5-187

④ 点击"段落底纹"，勾选"底纹"，设置颜色：PANTONE P 45-89 C；设置位移，上：1毫米，下：1毫米，左：0毫米，右：0毫米，宽度：文本。

⑤ 点击"日文排版设置"，设置中文排版：简体中文默认值。

（3）制作"目录2级标题"段落样式

① 在"段落样式"面板上，点击右键，选择"新建段落样式"，在"段落样式"对话框中，设置如图5-188所示，样式名称：目录2级标题，基于：无段落样式，下一样式：无段落样式。

② 点击"基本字符格式"，设置如图5-189所示，字体系列：方正书宋简体+Minion Pro，大小：12点，行距：18点，字符颜色：深红色，描边：无。

图5-188　　　　　　　　　　　　图5-189

③ 点击"制表符"，点击"右对齐制表符"设置，X：135毫米，前导符：…。

④ 点击"缩进与间距"，设置左缩进：8.5毫米

⑤ 点击"日文排版设置"，设置中文排版：简体中文默认值。

（4）制作"目录3级标题"段落样式

① 在"段落样式"面板上，点击右键，选择"新建段落样式"，在"段落样式"对话

框中设置样式名称：目录3级标题，基于：目录2级标题。

② 点击"基本字符格式"，设置字体系列：方正书宋简体+Minion Pro，大小：12点，行距：18点。

③ 点击"缩进和间距"，设置左缩进：8.5毫米。

④ 点击"制表符"，点击"右对齐制表符"设置，X：135毫米，前导符：…。

⑤ 点击"字符颜色"设置，填充：黑色，描边：无。

⑥ 点击"日文排版设置"，设置中文排版：简体中文默认值。点击"确定"，完成"目录3级标题"段落样式。

（5）设置目录

① 设置目录中的样式。选择"版面>目录"命令，在"目录"对话框中设置，标题：无，在"其他样式"中，分别选择"1级标题目录用""2级标题""2级标题内容""3级标题"等，点击"添加"，将其添加到"目录中的样式"，如图5-190所示。

② 设置"1级目录"。点击"1级标题目录用"，在"条目样式"中选择"目录1级标题"，设置页码：条目后，条目与页码间：制表符（^t），样式：目录页码红1，级别：1，如图5-191所示。

图5-190

图5-191

③ 设置"2级目录"。点击"2级标题"，在"条目样式"中选择"目录2级标题"，设置页码：条目后，条目与页码间：制表符（^t），样式：目录页码红2，级别：2，如图5-192所示。

同理，设置2级标题内容条目样式。

④ 设置3级目录。点击"3级标题"，在"条目样式"中选择"目录3级标题"，设置页码：条目后，条目与页码间：制表符（^t），样式：目录页码黑，级别：3，如图5-193所示。

图5-192

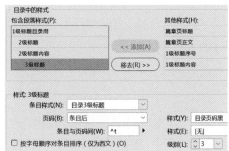

图5-193

⑤ 设置目录。选择"文本"工具，按住<Shift>键，单击目录1页面左上角，拉出一个包含所有目录的文本框。

（6）调整目录

① 用"矩形"工具在目录页绘制装饰用矩形，填充：PANTONE P 45-89 C；点击"文本"工具，输入"目录"，设置字体系列：微软雅黑（Regular）+Arial，大小：30点，字距：500。效果如图5-194、图5-195所示。

② 目录设置完成后，如果有设计不合理的地方，可以重新点击"版面>目录"命令，打开"目录"对话框进行修改。

③ 目录文本的样式设计有不合理的地方，可以在"段落样式""字符样式"面板，打开相关样式，进行修改。

图5-194　　　　　　　　　　图5-195

任务5.4.3　设计封面

🖊 任务分析

通过本任务的学习，掌握设置"书脊"页面及尺寸、绘制背景图形、绘制几何抽象图形、设置封面文本、设置封底、设置书脊等操作技能，完成封面设计。

🖊 任务实施

（1）设置"书脊"页面及尺寸

在"页面"面板的"B"页面上，点击右键，如图5-196所示，取消"允许文档页面随机排布"；点击右键，选择"插入页面"。选中"C"页面，选择"页面"工具，如图5-197所示，在控制面板设置：宽10毫米×高260毫米，得到书脊为10毫米的封面；效果如图5-198所示。

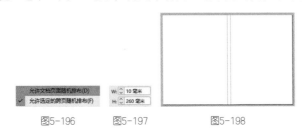

图5-196　　　　图5-197　　　　图5-198

（2）绘制背景图形

① 用"矩形"工具绘制一个宽386毫米×高266毫米的矩形，如图5-199所示，设置填充色：PANTONE P 85-1 C，描边：无；对齐页面：水平居中对齐、垂直居中对齐；点击右键，选择"锁定"。

图5-199

② 用"矩形"工具绘制一个宽386毫米×高135毫米的矩形，填充为PANTONE P 85-16 C，放置在封面上部；效果如图5-200所示。

③ 用"矩形"工具绘制一个宽2毫米×高135毫米的矩形，填充为PANTONE P 85-4 C，放置在第二个矩形左边缘，并设置顶对齐。同时按下<Ctrl>+<L>键，将第二个矩形锁定。

④ 用"选择"工具选中2毫米宽的矩形，同时按下<Ctrl>+<Alt>键，水平复制一个。选择"编辑>多重复制"命令，在"多重复制"对话框中，设置如图5-201所示，勾选：预览，重复计数：98，点击"确定"。可以通过"预览"，调整"计数"为合适的数字；效果如图5-202所示。

| 图5-200 | 图5-201 | 图5-202 |

（3）绘制几何抽象图形

① 绘制正八边形。

a. 打开Illustrator，选择"多边形"工具，在画板空白处单击，在"多边形"对话框设置如图5-203所示，半径：35mm，边数：8，点击"确定"，画出一个正八边形，设置填充色：PANTONE P 85-1 C，效果如图5-204所示。

b. 在"属性"控制面板中，设置如图5-205所示，旋转：22.5，单击<Enter>键确定；效果如图5-206所示。

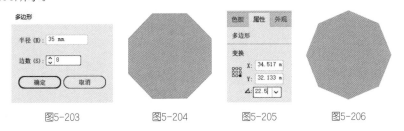

| 图5-203 | 图5-204 | 图5-205 | 图5-206 |

② 绘制等腰三角形。

a. 如图5-207所示，选择"多边形"工具，绘制一个宽60mm×高12mm的等腰三角形。设置填充色：PANTONE P 85-1 C，描边：白色，粗细：0.35点。选择"视图>标尺>显示标尺"，从标尺上分别拉出一条与正八边形中心点水平、垂直的辅助线。

b. 用"选择"工具选中三角形,点击"旋转"工具。选中三角形中心点,按住<Alt>键,将中心点拖动到正八边形中心位置,在"旋转"对话框中,设置如图5-208所示,勾选"预览",角度:45°,点击"复制";连续6次按下<Ctrl>+<D>键,围绕中心再次复制6个同样的三角形;效果如图5-209所示。同时选中所有等腰三角形,按下<Ctrl>+<G>键,群组。

图5-207　　　　　　　　图5-208　　　　　　　　图5-209

③ 绘制直角三角形。

a. 如图5-210所示,用"钢笔"工具沿等腰三角形和正八边形的轮廓线,绘制一个直角三角形。用"选择"工具选中直角三角形,点击"镜像"工具,选中点击三角形中心点,按住<Alt>键,将三角形中心点水平拖动到八边形的对称轴辅助线位置,在"镜像"对话框中,设置如图5-211所示,勾选"预览",轴:垂直,角度:90°,点击"复制";效果如图5-212所示。

图5-210　　　　　　　　图5-211　　　　　　　　图5-212

b. 同时选中两个直角三角形,按下<Ctrl>+<G>键,群组。用"选择"工具选中群组三角形,点击"旋转"工具。选中群组三角形中心点,按住<Alt>键,将中心点拖动到正八边形中心位置,在"旋转"对话框中,设置如图5-213所示,角度:90°,勾选"预览",点击"复制";连续2次按下<Ctrl>+<D>键,围绕中心再次复制2个同样的群组三角形;效果如图5-214所示。

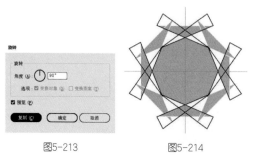

图5-213　　　　　　　　图5-214

④ 同时选中所有直角三角形，按下<Ctrl>+<G>键，群组。设置填充色：PANTONE P 85-16 C，描边：无；点击右键，选择"顺序>置为底层"，将其置为底层。效果如图5-215所示。

⑤ 设置图形分割。删除画面的两条辅助线，同时选中所有等腰三角形，按下<Shift>+<F7>键，打开"路径查找器"面板，如图5-216所示点击"分割"，将所有图形分割；效果如图5-217所示。

图5-215　　　　　图5-216　　　　　图5-217

⑥ 存储。点击"文件>存储"，存储为"封面"图形，AI格式。

⑦ 置入图形。回到"InDesign版式设计"ID文件中，打开"文件>置入"，选择刚存储的"封面"AI文件，点击"确定"；按下<Ctrl>键，将其等比例缩放到合适大小；效果如图5-218所示。

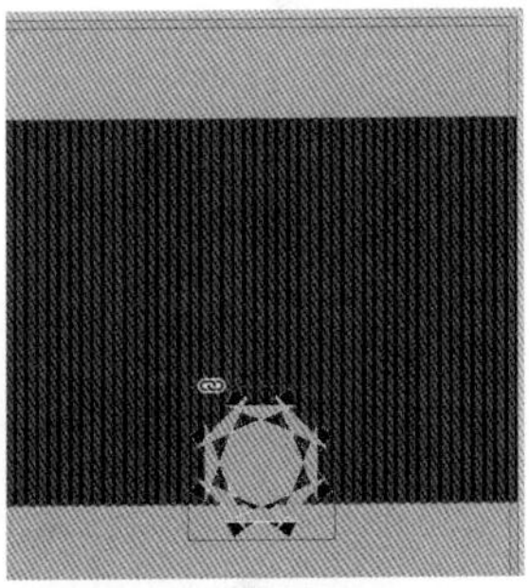

图5-218

（4）设置封面文本

① 复制封面文本到封面页面，设置文本框宽度：140毫米。选中封面文本，设置中文排版集：简体中文默认值。

② 用"文本工具"选择文本："十四五"职业教育河南省规划教材，如图5-219~图5-221所示，在控制面板设置字符：微软雅黑（Regular）+Arial、14点，行距：24点，填充：黑色，全部强制双齐。

图5-219　　　　　　图5-220　图5-221

③ 用"文本工具"选择文本：InDesign版式设计，如图5-222~图5-225所示，在控制面板设置字符：方正大标宋简体（Regular）、36点，行距：72点，字距：100，填充：白色，居中双齐。

图5-222　　　　图5-223　　图5-224　图5-225

④ 用"文本工具"选择文本：主编 郑丽伟，如图5-226~图5-228所示，在控制面板设置字符：微软雅黑（Regular）+Arial、14点，行距：30点，字距：100，填充：白色，居中双齐。

图5-226   图5-227   图5-228

⑤ 打开"化学工业出版社标志素材"AI文件，复制"化学工业出版社标志横版"图形，粘贴到"InDesign版式设计"封面上，等比例缩放到合适大小。

所有文本相对于页面"垂直居中对齐"，调整到合适位置，完成封面设置。

（5）设置封底

选择封面相关元素，群组后，复制一份到封底，按下<Ctrl>键，将其等比例缩放到合适大小，取消群组，修改文本。

置入条形码，复制责任编辑、版式设计、ISBN、定价等信息，设置文本；完成封底设置。

（6）设置书脊

绘制一个与书脊等宽的矩形，设置颜色为PANTONE P 85-16 C。用"竖排文本"工具拉出一个宽10毫米的文本框，输入书脊文本信息，设置字体颜色为白色，设置合适字体与大小。复制"化学工业出版社标志竖版"图形，粘贴到"InDesign版式设计"书脊上，等比例缩放到合适大小。

封面设置效果如图5-229所示。

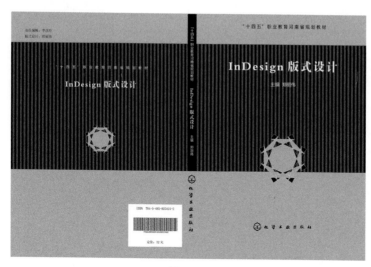

图5-229

任务 5.4.4　设置其他页面

✏️ **任务分析**

通过本任务的学习，掌握设置扉页、"版权页""作者页""前言"等页面的操作技能，完成其他页面的设置。

✒ 任务实施

（1）设置扉页

复制封面图形与文本到扉页，将背景色宽度修改成与扉页宽度一致，删除不需要的图形。调整文本，完成扉页设置；效果如图5-230所示。

（2）设置"版权页""作者页"

① 用"文本"工具拉出文本框，输入版权页文本，完成"版权页"设置。

② 将封面相关信息复制一份到"作者页"，添加作者信息。选中作者信息文本，在属性栏设置左缩进50毫米。完成"作者页"设置。

"版权页""作者页"效果如图5-231所示。

图5-230

图5-231

（3）设置"前言"等页面

① 设置基础文本。

a. 同时按下<Shift>+<Ctrl>键，点击页眉，将"目录"替换为"前言"。

b. 用"文本"工具拉出一个文本框，输入"前言"所有文本，点击应用"正文"段落样式，在控制面板设置如图5-232所示，左边距：5毫米，右边距：5毫米。

c. 用"选择"工具选中文本框，设置如图5-233所示，填充色：PANTONE P 49-9 C。

② 设置标题。

a. 在"前言"正文上方绘制一个宽44毫米×高12毫米的矩形，设置填充色PANTONE P 49-8 C。

b. 输入文本"前言"，设置字符：微软雅黑、18点，填充白色。

c. 在"前言"下方绘制一条宽70毫米的直线，设置描边颜色：PANTONE P 49-8 C，粗细：0.75点，实线；效果如图5-234所示。

图5-232　　　　图5-233

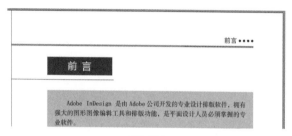

图5-234

③ 设置表格行列。

a. 选择"文本"工具，将光标插入"具体分配如下表所示："下一行，设置段落为：居中对齐。

b. 选择"表>插入表"，在"插入表"对话框中，设置如图5-235所示，表尺寸中，正文行：6，列：5，表头行：2，表尾行：0，表样式：无表样式；效果如图5-236所示。

c. 用"文本"工具分别拖动表格竖线到合适位置；如图5-237、图5-238所示，选中右侧三列，点击右键，选择"均匀分布列"。

图5-235　　　　　　　　图5-236　　　　　　　　图5-237　　　　图5-238

④ 设置表头行。

a. 在表头行输入文本，设置字符思源黑体CN，大小12点，行距18点。

b. 在字符样式面板点击"新建字符样式"，在"新建字符样式"对话框中，设置字符样式名称：表头行。选中"表头行"文本，点击"表头行"字符样式，应用"表头行"字符样式。

c. 选中"表头行"文本，在控制面板设置如图5-239、图5-240所示，段落居中对齐，表格居中对齐。

d. 在控制面板设置如图5-241、图5-242所示，填充色：PANTONE P 49-8 C；点击选中表格所有边线，设置描边：白色、1点、实线；单元格内边距上、下、左、右各1毫米。

图5-239　　　　　　图5-240　　　　　　图5-241　　　　　　图5-242

e. 再次选中"表头行"文本，点击"表头行"字符样式，应用"表头行"字符样式。

⑤ 设置表格正文。

a. 在表格中输入表格正文文本，点击应用"正文"段落样式，在控制面板的"段落"选项中，设置中文排版集：简体中文默认值。

b. 在"字符"面板点击"新建字符样式"，在"新建字符样式"对话框中，设置字符样式名称：表格正文。

c. 选中表格正文文本，点击"表格正文"字符样式，应用"表格正文"字符样式。

"前言"页面完成效果如图5-243、图5-244所示。

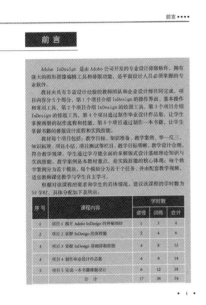

图5-243   图5-244

d. 同理，设置参考文献、后记。

⑥ 取消篇章页页码。

a. 所有版式设置完成后，在每个项目的篇章页中同时按下<Ctrl>+<Shift>键，点击页码及圆点，使其进入可编辑状态，删除页码及圆点图形；完成每个项目的篇章页码设置。

b. 删除页面面板上多余的页码。

（4）排版后期

① 导出。依据打印需求及客户要求，分别导出不同格式的文本。

② 校对。设置完成全书的排版后，认真校对，排版中是否存在错排、漏排问题。打印之后，需要再认真校对，严格控制出错率。

举一反三

为《InDesign版式设计》做一个不同风格的版式设计。

▶ 微课助手 ◀
设置其他页面

项目测试

一、填空题

1. 分色时将多种颜色打印在单独的印版上，每个印版包含_____种颜色，这个过程称为分色。

2. 要复制颜色和连续色调图像，打印机通常将图片分成四个印版：图像的_____、黄色、_____和黑色各一个印版。

3. InDesign可以对文档进行品质检查，_____是此过程的行业标准术语。预检程序会警告可能影响文档或书籍不能正确成像的问题，例如缺失文件或字体。

二、单项选择题

1. 什么情况下使用专色？（   ）

   A. 当印刷色无法重现某些颜色时

   B. 当颜色的准确度不关键时

   C. 希望降低成本

   D. 使用非PostScript打印机打印

2. 创建一个发布在Web上的文件应该选择什么色彩模式为最佳？（   ）

   A. CMYK   B. LAB   C. RGB

三、多项选择题

1. InDesign可输出的格式有？（   ）

   A. PDF   B. SVG   C. AI   D. XML

2. 文档导出为PDF文件格式的优点有？（   ）

   A. PDF文件格式能够保存源文档的所有字体、格式、颜色和图形等元素

   B. PDF文件格式不会因为平台、软件和版本不兼容而丢失源文档中的格式、字体和图形

   C. PDF文件格式可以在任何打印设备上正确打印

   D. 不用安装创建源文档的应用程序，使用Acrobat Reader软件即可浏览查看PDF文件

▶项目测试答案◀

附录　2023年河南省第二届职业技能大赛平面设计技术项目编辑设计模块样题

2023年4月，河南省举办了河南省第二届职业技能大赛，其中平面设计技术项目的第二个"编辑设计模块"正是要求参赛选手用InDesign和Illustrator、Photoshop结合起来共同完成。通过大赛项目的练习可以提高学生的综合设计能力，并提升学生的严谨细致、勇于挑战的职业素质。下面是河南省第二届职业技能大赛平面设计技术项目"编辑设计模块"样题。

一、简介

乐天真咖啡馆致力打造追求餐点品质，将亲和态度融入生活的咖啡品牌。请为乐天真Lottafun设计品牌标志和宣传册等。

二、要求

在您的电脑桌面创建一个文件夹，命名为YY_MOD2（YY代表您的工作台号码）。此文件夹包括以下子文件夹："Task1，Task2，Task3"（任务一，任务二，任务三）。这些子文件夹里必须包含以下文件夹（文件夹中具体文件以任务中的描述为准）：一个命名为"Original"的文件夹，要包含您工作过程中使用的文件；一个命名为"Final"的文件夹，要包含所有的最终文件。

任务中的图像的颜色、尺寸以及分辨率等将在源文件中进行评分，绝不可以在源文件中嵌入图像。所有文件不能出现中文命名，字体文件除外。文件存储须条理清晰，以方便检查评分。

本模块内容使用Illustrator、InDesign、Photoshop软件制作。

任务一：标志设计

在您的YY_MOD2文件夹里建一个文件夹用于任务一的提交，命名为"Task1"。在这个任务中，您需要为乐天真品牌设计一个新的标志。这个标志设计将用于后续任务中。您不能使用任何未提供的文字。

文件说明：文件仅为矢量；源文件格式：.ai；画板尺寸：210mm×290mm（宽×高），logo尺寸：120mm（高），logo文字必须转为曲线，logo颜色模式：CMYK。

您必须提交：根据要求命名的Task1的文件夹，1份标志设计的源文件，1份标志设计的PDF文件，1份标志设计的JPG文件。

任务二：产品效果图绘制

在您的YY_MOD2文件夹里建一个文件夹用于任务二的提交，命名为"Task2"。在这个任务中，您需要根据提供的图片绘制图像。注意：您可以根据自己的需要，使用您自己设计的元素。

产品重制技术要求——源文件格式：.psd，颜色模式：RGB，画板尺寸：290mm×210mm（宽×高）。

您必须提交：根据要求命名的Task2的文件夹，一份产品绘制源文件，一份产品绘制JPG预览文件。

任务三：宣传册设计

在您的YY_MOD2文件夹里建一个文件夹用于任务三的提交，命名为"Task3"。请为乐天真品牌设计宣传册的封面和内页，用于纸质媒介和电子媒介的宣传。封面、封底需要围绕"让生活更美好"这个主题进行设计创作。任务二中绘制的图像需要您应用在内页中。需要根据提供的信息制作信息图表，并将信息图表应用在内页中。宣传册设计可以自行绘制矢量或点阵图元素，文字除外，不可使用其他非本试题提供的图片。必须使用要求的内容，内容不可修改。

封面所需元素：请使用您在任务一中设计的标志，必须为矢量，与任务一相一致。您必须使用封面里提供的文字"让生活更美好"为标题进行字体设计。

围绕"让生活更美好"这个主题进行插图设计。

封底所需元素：使用提供的文本。围绕"让生活更美好"这个主题进行插图设计。此外，还可以增加自己设计的其他相关元素。

页面3-4：有页眉、页码；您需要使用提供的文字信息，不可更改、添加、删减文字。任务二中绘制的图像需要您应用在内页中。您需要将其放置在场景中。

页面5-6：有页眉、页码；您需要使用提供的文字信息，不可更改、添加、删减文字。您可以自行添加其他需要的图形。您需要根据提供的信息制作信息图表。您需要将提供的表格图片进行重新设计，重新设计的表格需要放入内页中使用。您还可以使用任何其他您认为有必要的设计。

画册技术规格——文件格式：.indd，成品尺寸范围：260mm×185mm（宽×高），出血：3mm；颜色模式：CMYK；画册阅读顺序：从左至右；母页元素：页眉、页码。

您必须提交：一份封面、封底的源文件，一份内页的源文件，一份封面、封底的最终稿（PDF格式），一份内页的最终稿（PDF格式）。

参考文献

[1] 俞侃，李响．边做边学InDesign排版艺术案例教程[M]．北京：人民邮电出版社，2021．

[2] 朱海燕，闵文静．InDesign CS6核心应用案例教程[M]．北京：人民邮电出版社，2019．

[3] 徐立萍．InDesign版面设计与制作[M]．青岛：中国海洋大学出版社，2015．

[4] 白雪，陶玉娟，李源．版式设计[M]．北京：航空工业出版社，2021．

后记

十几年前，我因一个偶然的机会接触到InDesign，即一个印刷厂经理委托我用InDesign排几本书。当时我没有使用过这个排版软件，但以前经常使用其他排版软件；我相信这个软件也不难，于是边看视频教程边学做，逐步掌握了基本方法。后来任职学校在教学计划中开设此门课程，又帮助本地企业做过一些画册、书籍的排版设计，在教学和使用的过程中感受到这个软件专业性强、功能强大、兼容性强。

在教学过程中，我发现相关教材编写的内容普遍较浅显，没有把InDesign软件的核心功能体现出来，项目内容不完整，学生上完课程后依然不能独立完成一个完整的排版任务。所以，我就一直希望能把自己的排版设计过程、经验编写出来，编写一本真正体现"岗、课、赛、证"一体化的版式设计教材。

感谢化学工业出版社给了我这样一个实现愿望的机会，感谢李淑娟、李文静、田一捷、牛澎涛等几位老师在编写过程中共克难关，最终完成了全书的编写，感谢济源汉唐印刷有限公司提供的帮助。

本书将工作过程转化为教学过程，理论知识以够用为原则，并将排版理论融入实训项目中，将实训项目模块化、任务化，同时将职业素养融入严谨的实训步骤、实训要求、小贴士中。学生学完本门课程，能独立完成海报、画册、书籍设计等岗位任务，满足职业技能大赛平面设计技术项目的技能要求，达到Adobe公司的职业技能资格证的认证标准。《InDesign版式设计》是一本适合高职院校艺术设计类专业教学的新形态、立体化教材。

郑丽伟

2023年2月